隐秘的水域世界

主编◎王子安

Animal

汕頭大學出版社

图书在版编目（CIP）数据

隐秘的水域世界 / 王子安主编. -- 汕头 : 汕头大学出版社, 2012.5（2024.1重印）
ISBN 978-7-5658-0789-3

Ⅰ. ①隐… Ⅱ. ①王… Ⅲ. ①海底－普及读物 Ⅳ. ①P737.2-49

中国版本图书馆CIP数据核字(2012)第096800号

隐秘的水域世界 YINMI DE SHUIYU SHIJIE

主　　编：王子安
责任编辑：胡开祥
责任技编：黄东生
封面设计：君阅书装
出版发行：汕头大学出版社
　　　　　广东省汕头市汕头大学内　邮编：515063
电　　话：0754-82904613
印　　刷：唐山楠萍印务有限公司
开　　本：710 mm×1000 mm　1/16
印　　张：12
字　　数：73千字
版　　次：2012年5月第1版
印　　次：2024年1月第2次印刷
定　　价：55.00元
ISBN 978-7-5658-0789-3

前　言

这是一部揭示奥秘、展现多彩世界的知识书籍，是一部面向广大青少年的科普读物。这里有几十亿年的生物奇观，有浩淼无垠的太空探索，有引人遐想的史前文明，有绚烂至极的鲜花王国，有动人心魄的考古发现，有令人难解的海底宝藏，有金戈铁马的兵家猎秘，有绚丽多彩的文化奇观，有源远流长的中医百科，有侏罗纪时代的霸者演变，有神秘莫测的天外来客，有千姿百态的动植物猎手，有关乎人生的健康秘籍等，涉足多个领域，勾勒出了趣味横生的“趣味百科”。当人类漫步在既充满生机活力又诡谲神秘的地球时，面对浩瀚的奇观，无穷的变化，惨烈的动荡，或惊诧，或敬畏，或高歌，或搏击，或求索……无数的探寻、奋斗、征战，带来了无数的胜利和失败。生与死，血与火，悲与欢的洗礼，启迪着人类的成长，壮美着人生的绚丽，更使人类艰难执着地走上了无穷无尽的生存、发展、探索之路。仰头苍天的无垠宇宙之谜，俯首脚下的神奇地球之谜，伴随周围的密集生物之谜，令年轻的人类迷茫、感叹、崇拜、思索，力图走出无为，揭示本原，找出那奥秘的钥匙，打开那万象之谜。

世界历史漫长而耐人寻味，在其进程中，还存在着众多扑朔迷离、引人入胜的问题，如广袤无垠的大海，在其波涛汹涌的海面上，海底有隐藏着怎样的旖旎风光？

海洋作为大自然对人类的馈赠，成为吸收温室气体最为重要的“碳吸收池”之一，生命起源于海洋，海洋里的生物种类远比陆地丰富得多，特别是一些深海生物和珊瑚礁生物人们还未全部了解。其实早在史前人类就已经在海洋上旅行，从海洋中捕鱼，以海洋为生，对海洋进行探索。

《隐秘的水域世界》一书分为四章，第一章是对海底花园总的概述，包括人类对海底的探索、海底构造以及海底地貌的描述等；第二章主要介绍了海底千奇百态的生物，如海洋动物、海洋植物和海洋微生物等；第三章介绍了海底丰富的矿产资源；第四章就海底世界的奇特现象进行叙述。本书是集知识性、趣味性、愉悦性为一身的海底探秘之旅，在严肃而充满趣味的探索中，读者定会从中领略海底深处的旖旎风光。

此外，本书为了迎合广大青少年读者的阅读兴趣，还配有相应的图文解说与介绍，再加上简约、独具一格的版式设计，以及多元素色彩的内容编排，使本书的内容更加生动化、更有吸引力，使本来生趣盎然的知识内容变得更加新鲜亮丽，从而提高了读者在阅读时的感官效果。

由于时间仓促，水平有限，错误和疏漏之处在所难免，敬请读者提出宝贵意见。

2012年5月

Contents 目录

第一章 探索浩瀚的海底世界

第二章 遨游江湖——海洋生物

第三章 丰富的海底资源

第四章 奇特的海底世界之谜

第一章

探索浩瀚的海底世界

海洋贮存了全球97%的水量，贡献了全球86%的蒸发量，吸收了70%以上到达地球表面的太阳能量。海洋贮存了地球上非沉积的90%以上的碳和氮，吸收了二分之一人为排放的二氧化碳。海洋作为大自然对人类的馈赠，成为吸收温室气体最为重要的“碳吸收池”之一。生命起源于海洋，海洋里的生物种类远比陆地丰富得多，特别是一些深海生物和珊瑚礁生物人们还未全部了解。其实早在史前人类就已经在海洋上旅行，从海洋中捕鱼，以海洋为生，对海洋进行探索。

根据目前掌握的资料，探测洋底世界的回报会是极其丰厚的，因为在这个黑暗的世界里，矿产、天然气、石油的储藏量十分丰富。另外，对洋底奇妙世界的探索成果，很有可能改变我们对地球上生命起源和进化的传统观点。在这些现实的利益之外，还有一些无形的、但又确确实实的满足，这就是探索地球最后边沿的巨大快乐。

其实在航空发展之前，航海是人类跨大陆运输和旅行的主要方式。那么海底世界什么样？海底的构造又是怎样的呢？海洋中有多少我们不知道的新奇的事呢？在这一章里读者都能找到答案。

美丽的海底“花园”

海底有一个瑰丽奇妙的世界，科学家们给它取了一个非常浪漫、雅致的名字——“海底玫瑰园”。这个神奇的世界是20世纪80年代的一些科考工作者在格拉普高斯海岭及东太平洋海隆进行考察时发现的。他们乘坐深潜器沉到海底，打开探照灯，通过潜望镜及海底电视看到了一片生机盎然的绿洲，绿洲上生长着海葵一类的茂盛的植物。在郁郁葱葱的绿洲之中，有长达5米的鲜红色蠕虫，几十厘米长的巨型蛤、蟹，海蚌就像西瓜一样大，像菜盆似的海底蜘蛛，还有手掌大小的沙蚕。它们都在自由自在地游弋，还不时地向它们从未见过的人类投以诧异的目光。

阴暗冰冷的海底世界中，珊瑚礁毫无疑问更像一片仙境：五颜六

色的海洋动物游弋于奇形怪状的珊瑚丛中，构成了美丽的海中热带雨林景观。珊瑚礁被视为地球上最古老、最多姿多彩也最珍贵的生态系统之一。珊瑚礁在全球海洋中所占面积虽然不足0.25%，但它却是海洋中生物多样性和生产力最高的水域，许多海洋生物都选择珊瑚礁作为安身立命之所，珊瑚礁因而被誉为海洋中的“热带雨林”和海上长城。据科学家统计，超过四分之一的已知海洋鱼类靠珊瑚礁生活。

在澳大利亚著名的大堡礁珊瑚群，至少生活着400多种珊瑚、1000多种鱼类和100多种软体动物。生活在珊瑚周围的鱼学名为珊瑚礁鱼，但常常被叫做热带鱼。它们的体态变化万千，色彩鲜艳夺目，并具有许多不同的生活形态：有的栖息在珊瑚的分枝间或礁洞里有的在珊瑚礁上巡游，有的则攀附在海扇或海鞭上，或潜伏于底质里。其生态行为和食性方面的特化都相当明显，为珊瑚礁生态系统增添了许多动态之美。热带鱼通过变色与伪装来保护自己。在深海，鱼类为保护自己，体色一般都很单调。但是游弋在珊瑚礁周围的鱼类，几乎都是色彩斑斓，体态万千。珊瑚鱼为了保护自己，它们的体色和周围环境极其相似，经常能以假乱真，躲避凶险。

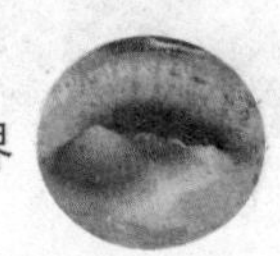

人类对海底的探索

海洋——这个至今没有被人类征服的地方，占地球表面的四分之三，海水量达到140亿立方千米，平均深度有3700米。大洋错综复杂的食物网养育了种类繁多的海洋生物，它比陆地上的任何生态系统都要复杂得多，从生活在洋底火山口边的吃硫磺的微生物、细菌，到各种深海鱼类，它们放出的荧光能照亮很远的地方，吸引了众多的供它们食用的生物。在有些地方，甚至还可能潜藏着有待发现的被称之为“海怪”的动物新种，有20米长的大乌枪鲗。

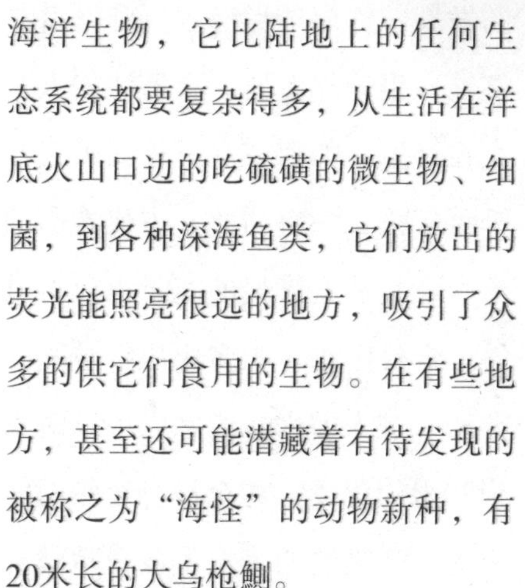

科学研究告诉我们，在这个海底世界里，潜在的经济价值同样是不可估量的：能量巨大的漩涡洋流，影响着世界上大部分地区的气象，若能了解它们的形成机理和规律，可预报气候灾害的发生，免于数万亿美元的经济损失。大洋还有巨大的有商业开发价值的镍、锰、铁、钴、铜等。深海的细菌、鱼类和植物，有可能成为保护人类健康与长寿的神奇药物之源。有人估

计，在今后几十年里，从大洋获得的利益会远远超过人类目前探测太空的收益。如果人们能自由安全地出入洋底，其经济效益会立竿见影的。

但是，到达洋底和到达外层空间一样，没有特殊的装备，人是不可能到达洋底的。常识告诉我们，若没有氧气筒的帮助，人是不能长时间的下潜到3米以下的水里——这只不过是大洋平均深度的三千分之一！随着不断地潜入水下，压力

也在不断增加。人的内耳、肺和一些孔道就会感到压力，令人痛苦。水下温度低，会很快吸走人体的热量。使得人难以在3米以下的水里坚持2至3分钟。

由于以上这些原因，当代深海的探险，不得不坐等两项关键技术的发展：深海球形潜水器和深潜铁链栓系钢球深潜器。会游泳的人一直在寻思，如何在水下得到氧气？千百年来，一直如此。古代希腊的潜水者是从充满气的瓶子里获得氧气，近代潜水者则多用压缩空气的办法，进人潜水。通常人可以潜入到30米的深度，甚至最有经验的使用水下呼吸器的人也不敢冒险潜到45米以下，因为深潜压力的增加和

上浮水面的过程的压力变化，造成减压病甚至死亡。使用密封的潜水服，也只能潜入到440米的深处。

球形深海潜水器创造了下潜923米的深度的纪录，但操作十分困难。后来又发明了体积很小的深海潜艇，但它只能供科学研究用。先进的深海潜艇配备有水下摄影机、收集标本筐和具有人手功能的操作机械臂。美国、法国、日本、俄罗斯等国都出于不同目的研制出深水潜艇，收集到大海深处的动物、植物、岩石、水样等资料标本。这就开辟了一个深海探测的新时代。人们获得了大量的深海世界里的信息，从而改变了生物学、地质学和大洋地理学某些传统的看法。科学家们用新的目光来看待风海流的变化规律：太平洋的厄尔尼诺现象，对具有商业价值的鱼群有极大的危害，并且还会诱发地球上气候的奇特变化。大洋环流的不稳定性，可能导致全球性的气候改变，或使现在地球上稳定的气候慢慢消失。

科学家们还认识到，大洋底的海床并不是平坦的，它高低起伏，比我们的陆地地形更复杂，它的峡谷能装得下喜马拉雅山山脉。更令人惊异的是，大洋底还有一条独特的、全球范围的、长达60000千米的大山脉，它像一条巨蛇一样，蜿蜒穿过大西洋、太平洋、印度洋和北冰洋，科学家们称这条洋底大山为“大洋中脊”。

到20世纪70年代末，当地质

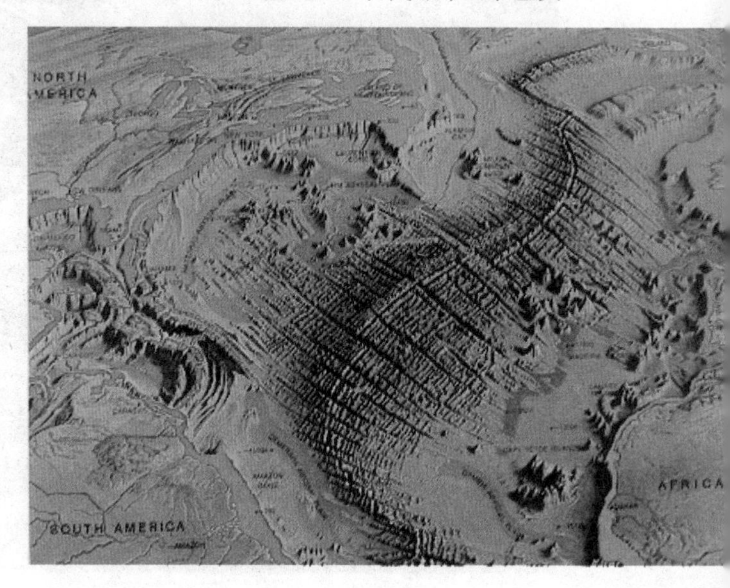

学家们仔细研究了大洋中部的诸山脉后，使他们更坚信了板块结构的理论。根据这一理论，地球的表面不是单一的石头外壳，它是由若干块巨大板块构造组成的，这些板块构造最小的也有数千平方千米，它们飘浮在地幔之上。大洋中脊的隆起部分，可能是最初创造地壳的地方，新的板块构造也许在形成海床之前就被它下面的地壳内营力作用下造成的。从大西洋中脊上采来的岩样已证明了这一点。这正是板块结构理论正确性的惊人证据。

洋底不断流出的、炽热的、富有矿物质的海水原来来自洋底像烟囱一样的山峰，这又是一个证据。它表明岩石下仍有巨大的热量，它来自相对年轻的底质构造。在这里，有被称之为热液喷出口，其平均深度为2225米。海洋地质学家们已仔细研究了洋底热液喷出口。观察后发现，这些喷出口实际上是洋底的间歇喷泉，就像美国的黄石公园的“忠实泉”一样。炽热的海水从洋底裂缝里流出来，虽然温度高达400℃，但因为这里的压力太大

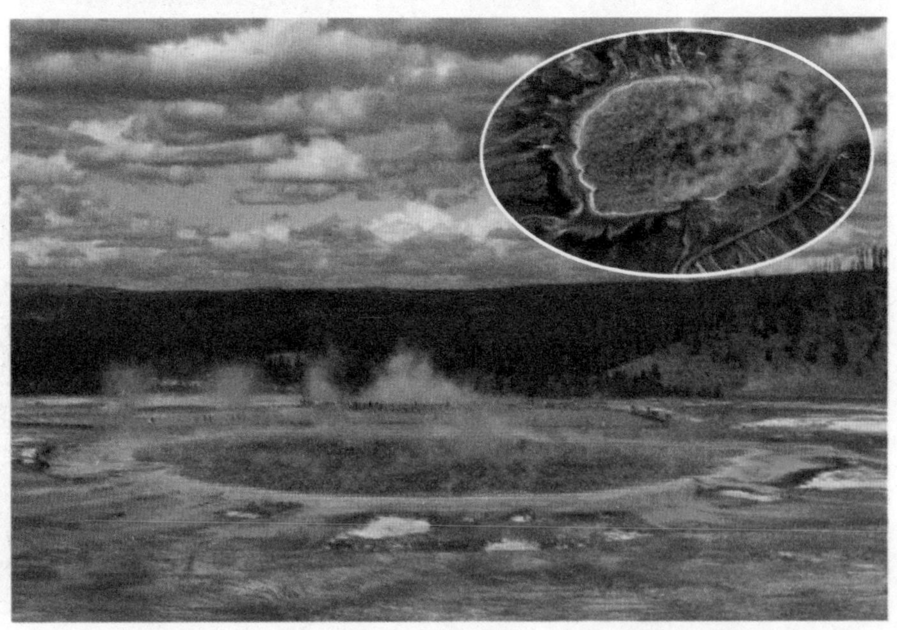

了，所以不会沸腾。热水喷出后，很快冷却。喷出的水含有大量的矿物质，包括锌、铜、铁、硫磺混合物和硅，它们集落在海床上。这些东西越积越厚，最后形成烟囱状的山峰像个“黑色吸烟人”。

这些热喷口处的化学反应，回答了困扰科学家多年的问题。在其成分不断地被腐蚀时，为什么海水中存在的大量的镁能保持相对稳定？现在认识到，镁是在热水流过岩石时从海水中被剥离下来的。

当科学家们把这些热喷口看成是研究海底世界的化学实验室时，有商业头脑的企业家却把它看成是金属冶炼厂，因为它们能从地球的内部获得巨大的有价值的各种金属。海洋地质学家很早就知道，在4300米到5200米深的洋底，铺了一层锰结核。这些土豆大小的锰核，含有铁、镍、钴以及其他别的金属。从20世纪70年代始，已有不少采矿公司用先进的设备来采集它们。

如果说洋底的热喷口令人惊奇，那么更令科学家们感到吃惊的是，在这些含硫的间歇泉四周竟会有生命！这真是大大地出人意料之外。1977年，科学家们在这些热喷口的水里发现不少微生物，而且还发现一条20厘米长的管状蠕虫。一条红皮肤、蓝眼睛的怪鱼！这个事实被新闻报道后，起初许多人不

相信这个事实，但这种“不信”很快被“好奇”所代替。人们自然又提出这样的疑问：若真有生物，它们靠吃什么为生呢？那里根本没有光，它们又是怎么生存的？令人奇怪的是，在100多年前，俄国的一个科学家就发现了上述的事实，他说水下的细菌，是靠氧的硫化物生存的，而这种化合物对多数生命是剧毒的！现在科学家们已弄清了这些细菌与地面上光合成的细菌正好相反，是从化学物质中获得生存能量，陆地上光合成的细菌是从光中获得能量。

现在许多生物学家相信地球上存在着通过化学合成的生命形式。而海底热喷口也许是研究我们这个星球上的生命是怎样形成的最好实验室。

近些年来，围绕着人们要不要进入更深的洋底的问题，争论十分激烈。科学家和政治家在辩论：继续向更深的洋底进军值得不值得？大多数人承认，探测大洋底是一项极有理论与实用价值的事业，但花费太大，因此犹豫不决。有人则持反对态度，他们认为，这是白白浪费金钱。美国、

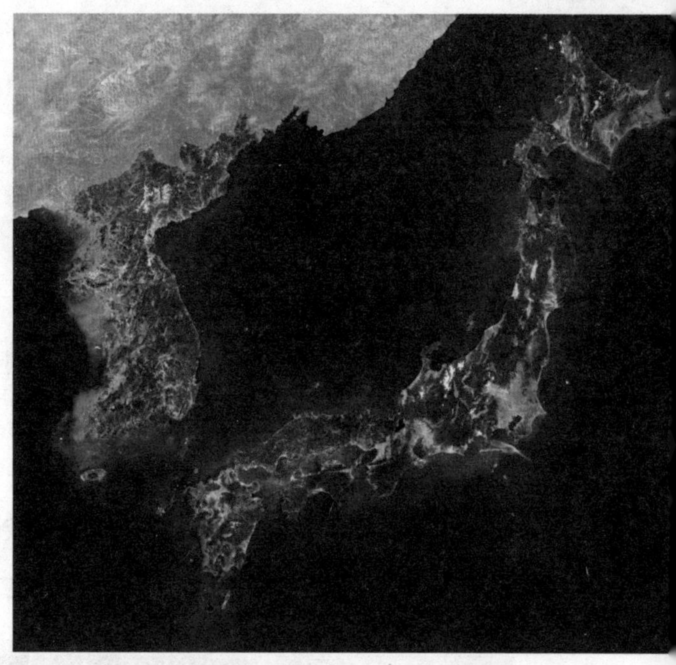

法国就有人反对再建造更为先进的深海探测器。但赞成者仍是多数，他们认为，把探测世界大洋底的实践比作是当今的哥伦布发现新大陆，其理由是"那肯定是一个无法想象的神奇世界"，探测这个未知"新大陆"，肯定会改变人类许多传统的观点，并为人类带来巨大的利益。

在探测洋底事业中，美国、日本、法国等国的科学家们工作最出色，其中日本投资最大，成就也最显著。日本人总是对新的市场抱有极大的兴趣，他们把世界大洋也看成一个新的市场，所以他们对海洋抱有极大的热情。对于日本来说，他们对探测洋底有兴趣，是因为日本这个岛国，它的南部正好在地壳三个结构带的汇合处——这当然是很不幸的。由于这个板块之间的相互碰撞，并能释放出巨大的能量来。据科学家估计：这里地震释放能量占全球十分之一。日本多地震的原因就在于此。1932年东京大地震死了14万人。因此，要预报地震，也是日本人探测洋底的重要理由。日本的科学家们发现，太平洋板块构造的边沿，从东向西，在挤压日本陆块。日本的深海探测器可达到1万多米深的洋底，研究人员能从屏幕上看到机器人仅用了35分钟就下潜到10911.4米的深度。在这个深度，人们发现了一条海蛞蝓、蠕虫和小虾，这再次证明在地

球环境最恶劣的地方，也有多种生命形式存在。

1996年，一个崭新的、革命性的海底探测船在美国加里福尼亚中部的海岸城市蒙特里下水，开始她的处女航。这条深海探测船的名字叫深飞1号，它长4米，重1315千克，外形像一个胖鼓鼓的有翼的鱼雷。它在水下航行时，很像一只轻捷迅速的飞鸟。与那些正绕着大洋航行，拖着深海探测器的动作迟缓的潜艇相比，深飞1号就像一架水中的F16战斗机。它能做特技飞行，比如横滚等，还能与快速游动的鲸群赛跑，或垂直跳出水面，驾驶人员可以从舱中看到舱外的一切。它可以在水面上飞行，也可以潜到1000米以下做各种科学考察活动。

可以预言，人类对神奇大洋底的探测，在不久的将来一定会有新的更大的成就。

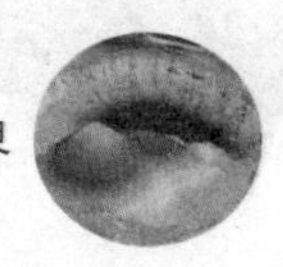

海底构造是板块学说的主要内容之一，主要探讨了海洋生长边界和消亡边界的问题。海底和大陆一样也是高低不平的，在海底板块与板块交接地带如果2个板块是相互或者1个俯冲到另一个的下面，把被俯冲的板块抬升的交接地带就是消亡边界，这里会形成海岭或者海底高原之类的地形。如果2个板块是互相拉伸的，则就是生长边界，这里会形成一些盆地、海沟之类的地形。

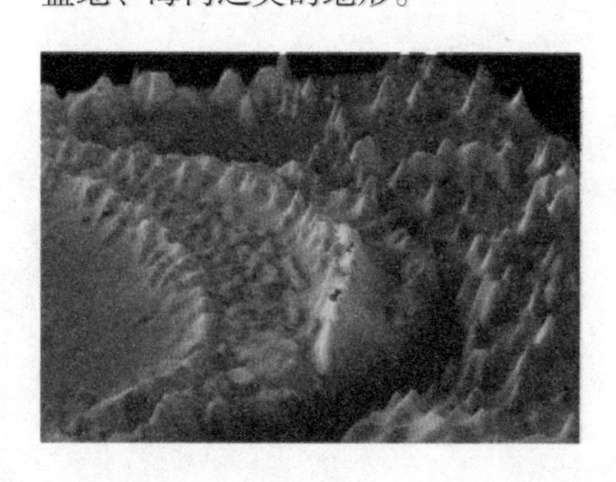

大陆架

大陆架是大陆向海洋的自然延伸，又叫“陆棚”或“大陆浅滩”。原来沿海的平原被海水淹没了，就成为大陆架浅海。大陆架浅海环绕陆地像一个花环，但它总的面积有2750万平方千米，相当于非洲大陆的面积。中国的渤海、黄海及东海的大部分，都在大陆架上。我们吃的鱼虾等海产品，主要是从大陆架浅海捕到的，大陆架浅海的水产品占整个海洋水产品的80%。大陆架海底有丰富的石油、天然气，大约占全世界的三分之一。而陆地上许多石油矿，也是在大陆架海底环境中生成的。

大陆架含义在国际法上，指邻

接一国海岸但在领海以外的一定区域的海床和底土。沿岸国有权为勘探和开发自然资源的目的对其大陆架行使主权权利。大陆架有丰富的矿藏和海洋资源，已发现的有石油、煤、天然气、铜、铁等20多种矿产，其中已探明的石油储量是整个地球石油储量的三分之一。大陆架的浅海区是海洋植物和海洋动物生长发育的良好场所，全世界的海洋渔场大部分分布在大陆架海区。还有海底森林和多种藻类植物，有的可以加工成多种食品，有的是良好的医药和工业原料，这些资源都属于沿海国家所有。

在地理学意义上，大陆架指从海岸起在海水下向外延伸的一个地势平缓的海底地区的海床及底土，在大陆架范围内海水深度一般不超出200米，海床的坡度很小，一般不超过1/10度。在大陆架外是大陆坡，在这里海床坡度突然增大，往往达3～6度甚或更大，水深一般在200～1500米之间。从大陆坡脚起海床又趋平缓，称大陆隆起或大陆基，一般坡度只有1度左右，水深可逐渐加深至4000～5000米。大陆隆起之外是深海海底。大陆架、大陆坡和大陆隆起合称大陆边或大陆边缘。

（1）大陆架的形成概况

大陆架是地壳运动或海浪冲刷

的结果。地壳的升降运动使陆地下沉，淹没在水下，形成大陆架。海水冲击海岸，产生海蚀平台，淹没在水下，也能形成大陆架。大陆架大多分布在太平洋西岸、大西洋北部两岸、北冰洋边缘等。如果把大陆架海域的水全部抽光，使大陆架完全成为陆地，那么大陆架的面貌与大陆基本上是一样的。

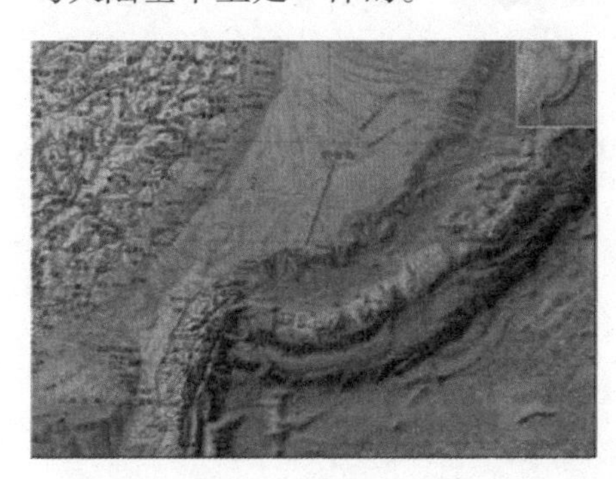

在大陆架上有流入大海的江河冲积形成的三角洲。在大陆架海域中，到处都能发现陆地的痕迹。泥炭层是大陆架上曾经有茂盛植物的一个印证，泥炭层中含有泥沙，含有尚未完全腐烂的植物枝叶，有机物质含量极高，黑色或灰黑色泥炭可以作为燃料而熊熊燃烧。在大陆架上还能经常发现贝壳层，许多贝壳被压碎后堆积在一起，形成厚度不均的沉积层。大陆架上的沉积物几乎都是由陆地上的江河带来的泥沙，而海洋的成分很少。除了泥沙外，永不停息的江河就像传送带，把陆地上的有机物质源源不断地带到大陆架上。大陆架由于得到陆地上丰富的营养物质的供应，已经成为最富饶的海域，这里盛产鱼虾，还有丰富的石油天然气储备。大陆架并不是永远不变的，它随着地球地质的演变，不断产生缓慢而永不停息的变化。

（2）大陆架的地形特点

大陆架的地势多平坦，其海床被沉积层所覆盖，它的边缘开始向深海倾斜，称为大陆坡，其斜度介于陆架与陆坡之间的叫陆基，陆基伸入深海平原。大陆架与大陆坡都属于大陆边缘一部分。

成，只是后来没入海中。

依据地形学与海洋生物学的意义，大陆架可再细分为内陆架、中陆架与外陆架。

在陆架外缘，其地形结构急剧改变，也就是陆坡的开始。除了少数例子外，陆架外缘几乎都座落于海下140米处，这似乎也是冰川期的海岸线标记，当时的海平面比现代要低得多。

大陆架的深度一般不会超过200米，但宽度大小不一。一般上，与大陆平原相连的大陆架比较宽，可达数百至上千千米，而与陆地山脉紧邻的大陆架则比较狭，可能只有数十千米，甚至缺失。

大陆架上也可以发现一些丘陵、盆地，还有明显的“水下河谷”，这些河谷地形看起来就像是陆地河流的地形，有蜿蜒的河道，有冲积平原、三角洲等，许多水下河谷还与陆地上的河流相对应，可看做是陆上河流的“延续”。这是因为这些水下河谷都是在远古大陆架露出海面时，由河流所冲刷而

陆坡比陆架陡峭，其平均坡度为3度，介于1度到10度之间。大陆坡也常是水下河谷的终结。

陆基在陆坡之下、深海平原之上，它的斜度介于陆架与陆坡之间，既0.5度到1度之间，从陆坡开始向处延伸500千米，由浊流从陆架与陆坡夹带的厚厚沉积物所组成。沉积物从陆坡泄下，并在陆坡底下堆积，形成陆基。

法律上的大陆架

因为大陆架资源丰富，对大陆架的划分和主权的拥有，就成为国际上十分重视和争议激烈的问题。为此，《联合国海洋法公约》中规定，沿海国的大陆架包括陆地领土的全部自然延伸，其范围扩展到大陆边缘的海底区域，如果从测算领海宽度的基线（领海基线）起，自然的大陆架宽度不足200海里，通常可扩展到200海里，或扩展至2500米水深处（二者取小）；如果自然的大陆架宽度超过200海里而不足350海里，则自然的大陆架与法律上的大陆架重合；自然的大陆架超过350海里，则法律的大陆架最多扩展到350海里。大陆架上的自然资源主权，归属沿海国所有，但在相邻和相对沿海国间，存有具体划界问题。

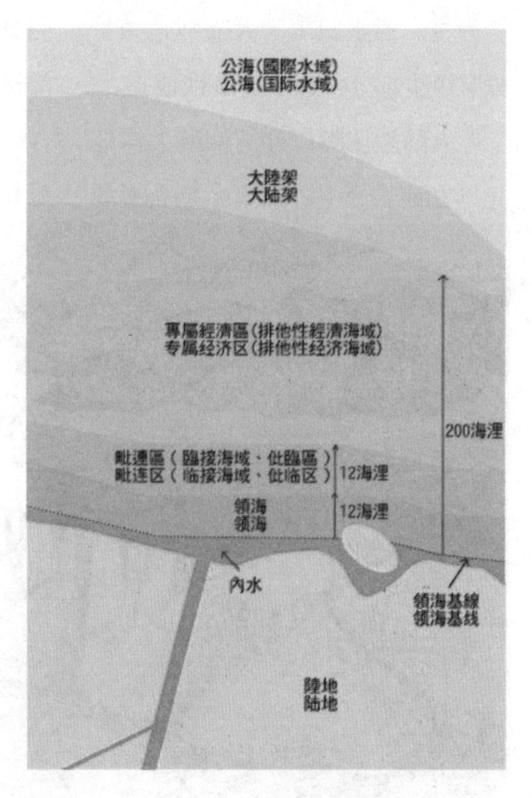

大陆坡

大陆坡介于大陆架和大洋底之间，大陆架是大陆的一部分，大洋底是真正的海底，因而大陆坡是联系海陆的桥梁，它一头连接着陆地的边缘，一头连接着海洋。大陆坡虽然分布在水深200米到4000米的海底，但是大陆坡地壳上层以花岗岩为主，通常归属于大陆型地壳，只有极少部分归属于过渡性地壳。

大陆坡坡脚以外的深海大洋地壳以玄武岩为主，那里才是典型的陆型地壳与大洋型地壳的真正分界线。

（1）大陆坡简介

大陆坡由于隐藏在深水区，因此很少受到破坏，基本保持了古大陆破裂时的原始形态。1965年，英国地球物理学家用计算机绘制了一张大西洋水深1000米的等深线图，图形显示大西洋两岸的等深线十分吻合。这从另一个角度证明了大陆漂移说的正确性。

大陆坡为向海一侧，从陆架外缘较陡地下降到深海底的斜坡。它

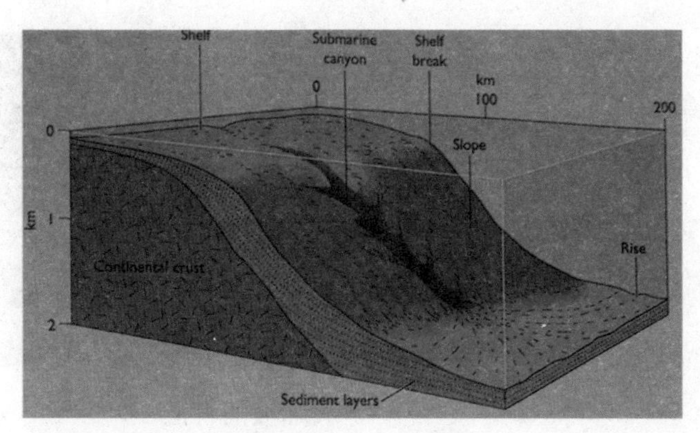

分布于所有大陆周缘，为全球性地形单元。大陆坡上界水深多在100～200米之间，下界往往是渐变的，约在1500～3500米水深处，但在邻近地带，陆坡下延至更深处。大陆坡宽度约为20至100千米以上，总面积计2870万平方千米，占全球面积的5.6%。

大陆坡的坡度很陡。太平洋大陆坡的平均坡度为5度20分，大西洋大陆坡的坡度为3度5分，印度洋的大陆坡深度为2度55分。坡度变化从几度到20多度。大陆坡的表面极不平整，而且分布着许多巨大、深邃的的海底峡谷。陆地最大的雅鲁藏布江及澜沧江大峡谷与之相比，也只能是小巫见大巫。海底峡谷有的横切在斜坡上，有的像树枝一样分岔，将大陆坡切割得支离破碎。大陆坡的表面也有较平坦的地方，这些地带被称为深海平台。有时，在一条大陆坡上会形成多级深度不同的海底平台。

（2）大陆坡的成因

陆坡是轻而浮起的大陆和重而深陷的洋底之间的接触过渡地带。随着大陆裂开，其间形成狭窄的幼年海洋。根据地壳均衡原理，新生洋壳的高程应明显低于两侧大陆，在大陆与新洋底之间必然形成陡峭

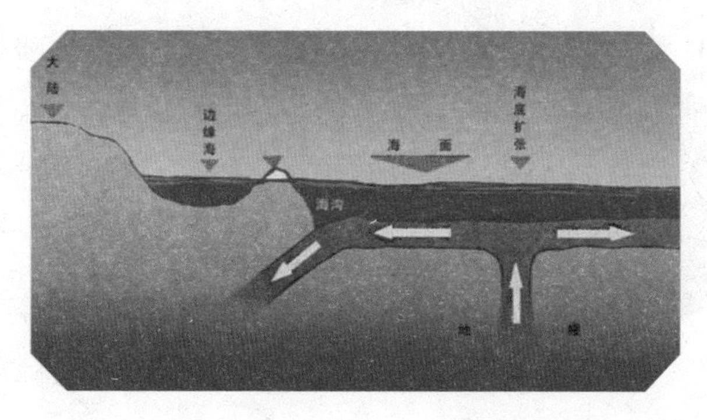

的新生陆坡。

大西洋型大陆边缘的陆坡，就曾是中生代以来联合古陆破裂形成的地块边壁，此后在海底扩张、大陆漂开和边缘下沉的过程中，经长期侵蚀沉积作用进一步塑造而成。生成不久，尚未为外力作用强烈改造的陆坡，沉积盖层微薄构造地形与火山地形十分显著，坡度较陡。发育成熟的大西洋型陆坡，不规则的原始地形被巨厚沉积层覆盖，坡度平缓。

在太平洋型大陆边缘，陆坡的发育与板块的俯冲或仰冲作用有关，陆坡下部可有俯冲刮削作用形成的增生混杂岩体褶皱、断裂明显，地形十分复杂。

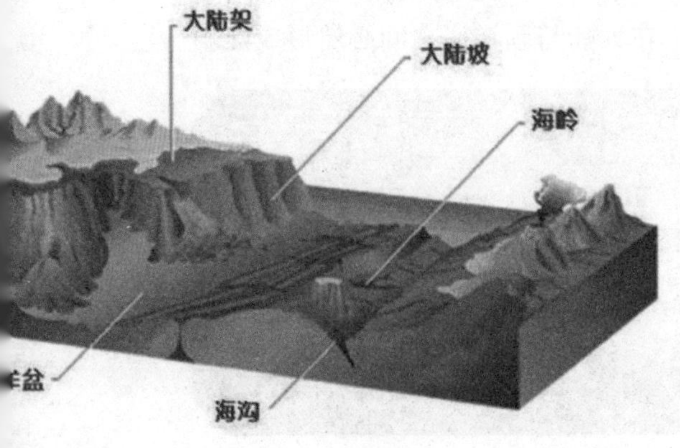

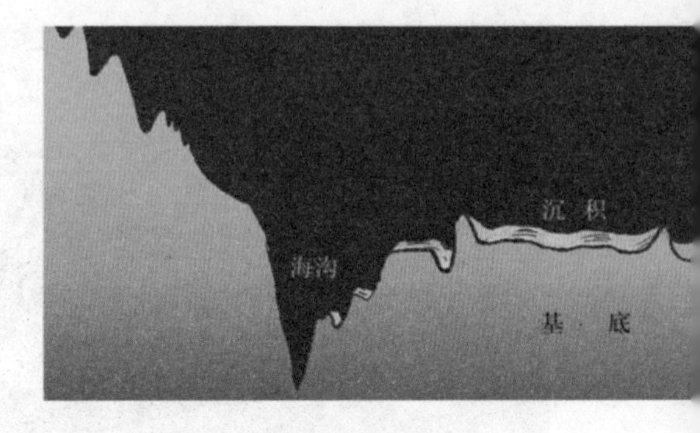

（3）大陆坡的特征

大陆坡坡度多为3～6度，1800米深度以上的平均坡度为417分。在大西洋型大陆边缘，陆坡常随水深增大而变缓。在太平洋型大陆边缘，陆坡常随水深增大而变陡，下延至海沟。太平洋陆坡平均坡度520分，大西洋陆坡平均坡度305分，印度洋陆坡平均坡度255分。大型三角洲外侧的坡度最小，平均仅1.3度。珊瑚礁岛外缘的陆坡最陡，最大坡度可达45度。

大陆坡可以是单一斜坡，也可呈台阶状，形成深海平坦面或边缘海台。陆坡被和沟谷刻蚀，加上断层崖壁，滑塌作用形成的陡坎及底辟隆起等，致坡形十分崎岖。

大陆坡底质以泥为主，还有少

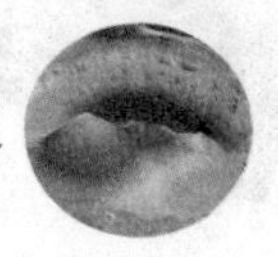

量砂砾和生物碎屑。沉积物比相邻的陆架和陆隆沉积物细，但在冰期海平面下降期间，大部分大陆架出露为陆，河流向前推进到陆坡顶部附近入海，使陆坡上粗粒沉积物增多。在与山脉海岸相邻的狭窄陆架外的陡坡上，常见岩石露头。陆坡沉积物主要是陆源碎屑，也有生物与化学作用形成的沉积物。

大陆坡基底为变薄的大陆型地壳，拖网和钻探在陆坡区发现了花岗岩。地震测量显示，陆坡下部花岗岩层向大洋一侧逐渐变薄以至尖灭。陆坡上还有褶皱、断裂构造，一些陆上构造线可延伸至陆坡。

（4）大陆坡的种类

按照地形特点，大陆坡有两种：

一种是地形比较简单、坡度比较均一，像北大西洋沿北美、欧洲及巴伦支海等地的大陆坡。这类大陆坡上半部是个陡壁，岩石裸露缺乏沉积物。向下大约2000米深处，大陆坡的坡度突然变得非常平缓，深度逐渐增加，成为一个上凹形的山麓地带。顺着大陆坡的斜面上，有一系列互相平行的“海底峡谷”，把大陆坡切开。

另一种大陆坡，地形复杂、坡面上有许多凹凸不平的地形，主要分布在太平洋。南海的大陆坡就属这一类，坡面上常常呈一系列的台阶，是一些棱角状的顶平壁陡的高地，与一些封闭的平底凹地交替着分布。平顶高地上有着一些粗大的砾石岩屑，而平底凹地里堆积着一些杂乱的沙子、石块和软泥。这类大陆坡上的海底峡谷谷底也呈阶梯状。除了这两类以外，大河河口外围的大陆坡，常常是坡度比较平坦的，整个斜坡盖满从大河带来的泥沙。

海底峡谷的特征

海底峡谷的头部多延伸至陆坡上部或陆架上，有的甚至直逼海岸线，峡谷头部的平均水深约100米。多数峡谷可延伸至大陆坡麓部，其末端水深多在2000米左右，深者可达3000～4000米。峡谷口外通常是缓斜的海底扇，在海底扇区，峡谷被带有天然堤的扇谷所取代。海底峡谷的水深自头部向海变深，其纵剖面大多呈上凹形或出现数个转折裂点，也有呈上凸形或比较平直者，长大峡谷的坡度较缓。世界上著名的哈得孙峡谷，它从哈得孙河口开始一直延伸进入大西洋。世界上最长的海底峡谷为白令峡谷，长400多千米。海底峡谷两壁高陡，一般坡度约40°，有的谷壁状若悬崖。

切割最深的海底峡谷——巴哈马峡谷，其谷壁高差达4400米，是陆上的大峡谷难以相比的。海底峡谷谷壁有许多不同时代的基岩露头，谷底沉积物有泥、粉砂、砂以至砾石等。来自浅水的具递变层理的砂和粉砂层常与深海的泥质沉积物交错出现，有时也有滑塌沉积物穿插其间。

全世界所有的大陆坡几乎都有海底峡谷分布，但在倾角小于1°的平缓陆坡，以及有大陆边缘地、海台或堡礁与陆架隔开的陆坡上，海底峡谷比较罕见。有些海底峡谷与陆上河谷（或古河谷）相邻接，但也有不少海底峡谷，尚未发现与陆上河谷有任何联系。

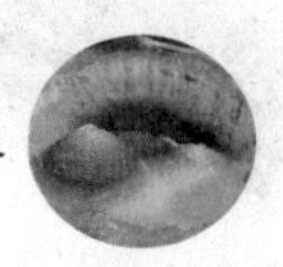

大陆隆

大陆隆也称大陆裙，是位于大陆坡与深海平原之间的巨大沉积体。大陆隆靠近大陆坡的地方较陡，接深海平原的部分较缓，平均坡度为0.5～1度，水深在1500～5000米之间。大陆隆主要分布在大西洋、印度洋、北冰洋边缘和南极洲周围。在太平洋西部边缘海的向陆一侧也有大陆隆，但在太平洋周围的海沟附近缺失大陆隆。大陆隆的沉积物主要来自大陆的粘土及砂砾，厚度约在2千米以上。

（1）大陆隆简介

大陆隆介于大陆坡末端与深海平原之间的缓坡地带。一般始于水深1400～3200米处，止于深海平原边缘。大陆坡底有海槽存在的地方，大陆隆缺失。与大陆坡相比，其坡度显著变缓，一般为1/2000左右，较陡地段可达1/100。大陆隆的宽度自0～600千米不等，比大陆坡明显变宽。大陆隆地带是深海从海底峡谷向外扩展的地带，主要沉积物是来自陆架和陆坡，由于重力崩塌、滑坡及浊流搬运和堆积而成。

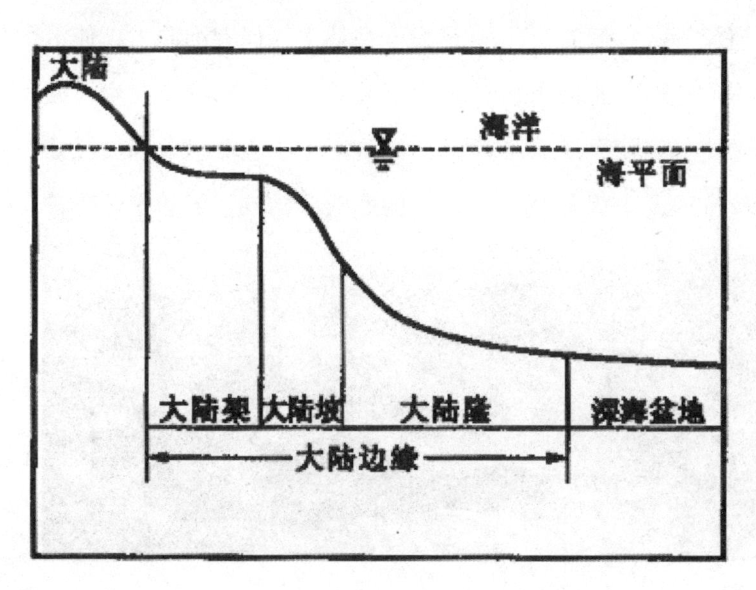

大陆隆位于大陆坡与深海平原之间的、向海缓斜的巨大楔状沉积体，常由许多海底扇复合、改造而成。大陆隆

一辞，是1959年由B.C.希曾等研究北大西洋海底地形时首次提出，并把它作为大陆边缘的组成单元之一。

（2）大陆隆的位置形成

大陆隆通常位于大洋型或过渡型地壳之上，但组成物质主要源自大陆。沉积物厚2千米以上，粒级多属粘土至细砂，以中粉砂最为典型。沉积物的搬运方式，主要是沿坡而下，另还有沿陆隆而行和垂直下沉。

沉积物沿坡而下的搬运，由重力驱动，以浊流搬运为主，还有滑塌、砂流及碎屑流等。它们的流速较高，可达200厘米/秒，能将源地及沿途的被蚀物质带到陆隆沉积。浊流沉积物的分选程度中等至差，具有自下向上由粗变细的递变层理，单层厚度大多为几十厘米，因浊流反复活动可形成巨厚的浊流沉积层。

等深线流沿陆隆而行，它与地球自转有关，由海水温度、盐度差异引起，沿海底等深线连续流动。等深线流遇到大陆边缘或海底高地时，多顺地形轮廓线，沿大陆隆流动。如大西洋有密度较大的底水被驱离南极和北极，在科里奥利力影响下分别沿南、北美洲东岸外向低纬区流动。等深线流流速不高，约20厘米/秒，变动幅度不大，主要搬运粉砂和粘土（偶有细砂），使沿坡而下和垂直下沉的物质发生再搬运，并可产生小至流痕大到波长几千米的底形，构成下部陆隆丘陵，

甚至通过再沉积作用形成与等深线流平行延伸的巨大沉积脊。等深线流沉积物粒度细，分选好，有明显纹层，微体生物残骸和植物碎片较少。

生物源物质和其他细粒碎屑物质自上覆水层缓慢下沉，停积于陆隆表层，为结构均一的沉积。因其为陆源沉积和远洋沉积的混合，故称半远洋沉积。其中陆源沉积有细粒碎屑和生物碎屑，远洋沉积主要是钙质微体生物（颗石藻、有孔虫等）、硅质微体生物（放射虫、硅藻等）残骸和大气尘埃（宇宙尘、火山尘和大陆尘埃）。

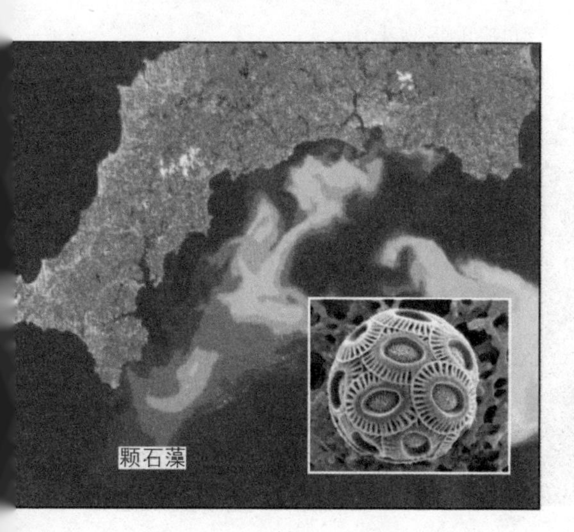
颗石藻

现代大陆隆一般沉积速率约可达每千年4～10厘米。在更新世，沉速至少增加一倍。与陆架沉积物相比，陆隆沉积物富含长石、云母和泥质，含石英较少。陆隆沉积物在许多方面可与古代复理石沉积相类比。由于陆隆沉积厚度极大，常富含有机质，陆隆沉积体系中的海底扇沉积及与之相连接的海底峡谷沉积可作为烃类迁移通道和储层，显示大陆隆具有良好的油气远景。

（3）大陆隆的地理分布

大陆隆主要展布于被动大陆边缘，如大西洋、印度洋、北冰洋和南极洲的大部分周缘地带。沿西太平洋边缘海盆陆侧，如南海海盆的部分边缘也有分布。活动大陆边缘，如太平洋周围的海沟附近，通常缺失大陆隆。在有堤坝阻止沉积物向海方搬运的大陆边缘，陆隆也不甚发育。陆隆宽狭不一，约在一百至几百千米，宽者达1000千米以上。其总面积约2500万平方千米，约占全球面积4.8%。

海底山

海底山是从海底地面高耸但仍未突出海平面的山，所以不能算是岛。典型的海底山由死火山形成，由1000至4000米的海底突出。海洋学家定义海底山的独立特征为至少在海底地面升高1000米。海底山顶通常在海平面下几百至几千米，所以他们被算是深海。

（1）海底山简介

海底山是指在各大洋中比较孤立的锥形山峰或山峰群，只有那些高出海底不小于千米的山峰才称海底山。全球估计有30000个海底山，只有少数受到研究。但部分海底山被认为是异常。例如海底山通常在海平面下几百米，但是鲍伊海底山由3000米深的海底升高至海平面下24米。

海底山通常可以在群组或水中的群岛发现，经典的例子有夏威夷–皇帝海山链。它是夏威夷群岛的伸延，由火山在几百万年前形成，并在形成后一直在海平面下。长长的海山链由夏威夷岛向西北伸延数千千米，展示出在夏威夷热点上的板块构造活动。

（2）海底山的形成

美国地质学家表示，北冰洋海底冒出的甲烷气泡创造了其海底上百座低矮的小山。

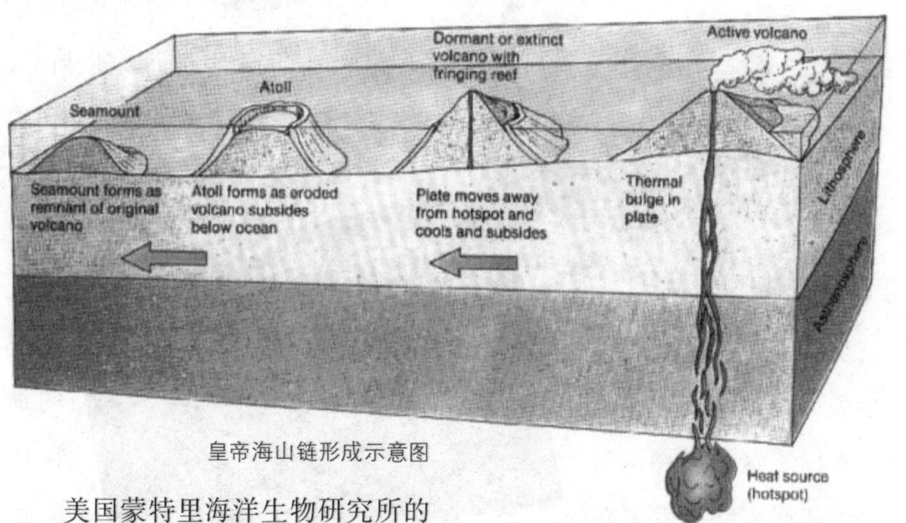

皇帝海山链形成示意图

美国蒙特里海洋生物研究所的地质学家Charlies Paull、Willia米Usser及其同事们表示，自从20世纪40年代发现了海底丘陵特征以来，这些小山的来源就一直困扰着科学家们。该研究小组收集了加拿大北海岸的波弗特海陆架的海底小山的沉积物和气体样品，他们称其具有“小丘一样”的特征。这种像小丘一样低矮的、顶部圆形的、含有冰核的小山分布在北极的很多地区。此前曾有研究表明这些小山是在陆地上形成的，但是当最近的冰河时代来临之后就被上升的海水淹没了。

Paull及其同事经过研究则提出了另外一种理论：当甲烷水合物这种气体和海水的冰冻混合物在海底沉积物层下分解时释放出甲烷气体，这些气体将沉积物挤压到海底表层形成小山丘，就像从管子里往外挤牙膏。

由于甲烷是主要的温室气体，因此科学家们想知道究竟有多少甲

烷来自于海底。未来关于甲烷水合物的研究可能会有助于这个问题的解决，该研究结果发表在《地球物理研究通讯》杂志上。

（2）海底山的生态优势

①独特的基层物质

海底山高至较浅水的地方可提供海洋生物的栖息地，这些海洋生物通常不能在较深水或其周围的地方找到。由于海底山互相分隔的关系，它们形成生物地理学关注的“海底岛屿”。由于它们由火山形成，海底的基层物质比由沉积形成的深海海底坚硬很多。这导致此海底出现不同的动物群，并产生高度的特有种。

②养分集中区域

除了简单提供了物理上存在的土地外，海底山本身可以使转向大型的水流引起涌升流。此作用可以带给光合成区养分，令本来是荒漠般的海洋活跃起来，所以海底山便成为有迁居 习惯的动物（如鲸鱼）一个极其重要的停留点。近期研究指出鲸鱼可能利用海底山此特色作迁移时的航行辅助，因为此地区有较大量的鱼类数目的关系，捕鱼业的过度捕鱼令部分海底山的动物群数量急降。

③浮游生物集中

当海水位于海底山上的光合酌带时，它的初级的生产力可以由海底山的水道情况加强。这样可以增加浮游生物的数量，引致此区域的鱼的数目及密度增加。另一理论指

出浮游生物的每日的迁移习惯因海底山所扰乱而停留在海底山，所以鱼类受吸引及集中在此。另一理论则提出海底生物的生活史及与海底山的相互作用是鱼类的密度如此高的原因。海底山的海底生物主要是悬浮物摄食者，如海绵及珊瑚。大型藻类在山顶位于海平面下200至300米的海底山十分常见，沉积底栖动物主要有多环节虫。

（3）海底山的现代研究

由于海底山鲜为人知，且其周围存在大量生物种群，有的种群还是人类以前未知的，美国政府近年来投入重金探索海底山。由美国国家海洋与大气管理局资助的“海洋山脉探索计划”，使用载人潜艇及潜水机器人照相机探索阿拉斯加海岸外及新英格兰海岸外的海底山，使科学家看到海底山及周围存有大量生物：从鲨鱼、未知章鱼到珊瑚。参与该计划的缅因大学生物学家沃特林发现，海底山的浮游生物达到了惊人的数量，而浮游生物又吸引了大量水生动物，使海洋哺乳动物、鲨鱼、金枪鱼等有了丰富的食物，甚至还招来了大量海鸟。

珊瑚

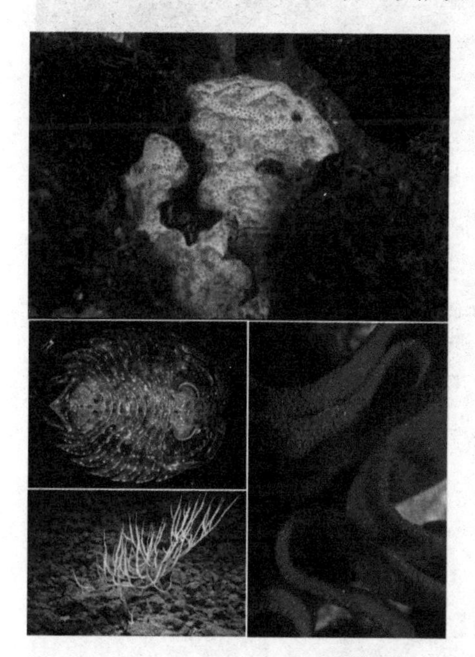

海绵

海底山的危险

海底山部分并未列入海图中，所以海底山会引致航海的危险，如莫里菲尔德海底山便以在1973年撞到此山的船的名字命名。最近美国的旧金山号（SSN−711）潜艇在2005年以35海里撞向海底山，造成严重损毁及损失一名海员。活跃的海底火山爆发带来航海的危机，而海底山两侧的崩塌亦可以造成严重的海啸。

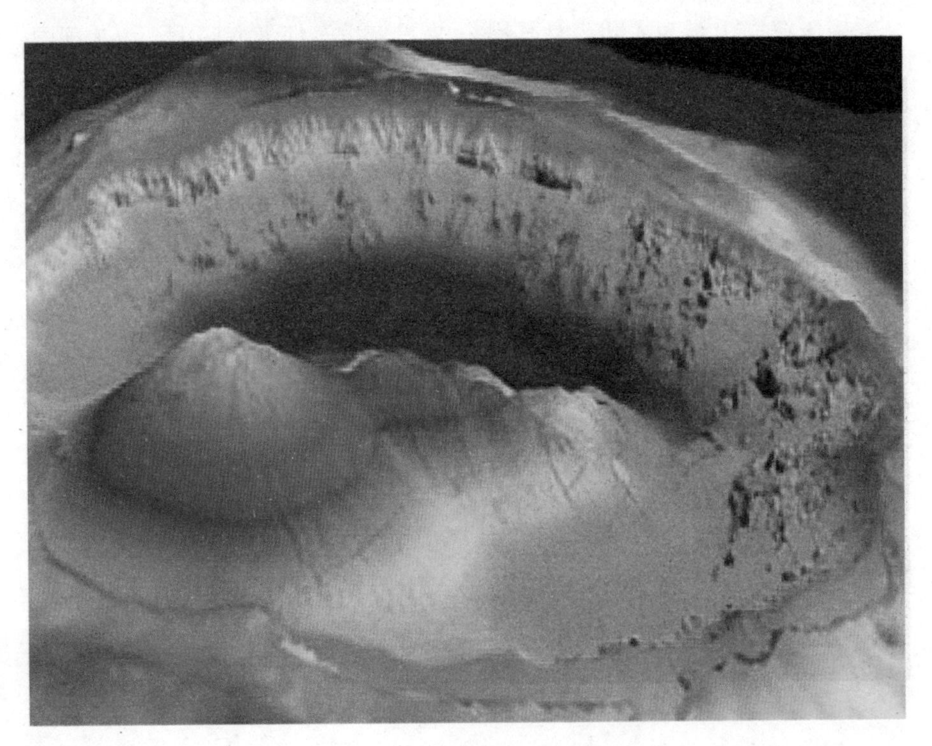

海 岭

海岭又称海脊，有时也称“海底山脉”。狭长延绵的大洋底部高地，一般在海面以下，高出两侧海底可达3～4千米。位于大洋中央部分的海岭，称中央海岭，或称大洋中脊。在四大洋中有彼此连通蜿蜒曲折庞大的海底山脊系统，全长达80000多千米，像一条巨龙伏卧在海底，注视着波涛滚滚的洋面。大洋中脊出露海面的部分形成岛屿，夏威夷群岛中的一些岛屿就是太平洋中脊出露部分。在大洋中脊的顶部有一条巨大的开裂，岩浆从这里涌出并冷凝成新的岩石，构成新的洋壳。所以人们把这里称为新大洋地壳的诞生处。

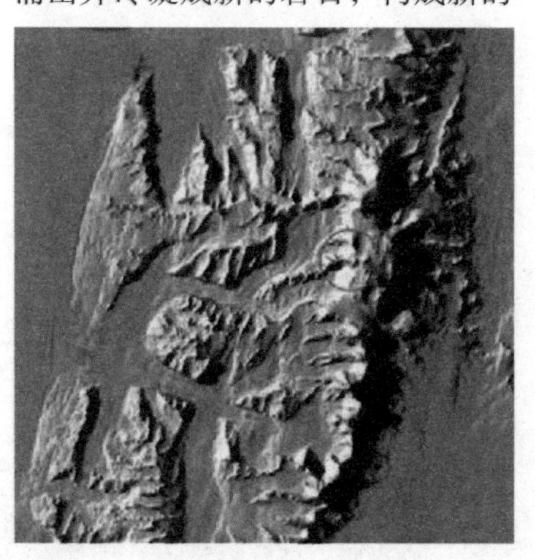

在大西洋中间和印度洋中间有地震活动性的海岭，也叫做大洋中脊，中脊由两条平行脊峰和中间峡谷构成。太平洋有地震活动性的海岭，不在大洋中间，而偏在东边，这个海岭不甚崎岖，没有被中间峡谷分开的两排脊峰，一般把它叫做东太平洋中隆，它在加利福尼亚湾北端中断，与圣安德烈斯断层相连。

海岭是海底分裂产生新地壳的地带，是板块生长扩张的边界。如亚欧板块与美洲板块之间有大西洋海岭相隔，非洲和印度洋板块之间为印度洋海岭。海岭是板块的分离边界，又叫生长边界。海岭是受引张力的区域，热流量高。

（1）海岭的形成

20世纪60年代初，一些科学家提出了“海底扩张学说”，它是“大陆漂移学说”的发展。学说认为海岭是新的大洋地壳诞生处，地幔物质从海岭顶部的巨大开裂处涌出，到达顶部冷却凝结，形成新的大洋地壳。继续上升的岩浆，又把早先形成的大洋地壳，以每年几厘米的速度推向两边，使海底不断更新扩张。当扩张着的大洋地壳遇到大陆地壳时，便俯冲到大陆地壳之下的地幔中，逐渐熔化而消亡。人们利用放射性同位素测定海底岸石年龄，发现海底岩石年龄很年轻，一般不超过2亿年。而且岩石离海岭（又叫大洋中脊）愈近，年龄越年轻，离海岭越远，年龄越老，并在海岭两侧呈对称分布。

（2）海岭的分布

世界各大洋洋底都有海岭分布，大西洋最典型的显著特征是中央有一条作“S”形的中大西洋海岭，北起冰岛，南至南极附近，长达15000千米，宽在500～900千米之间。海岭以上水深，在北半球3000～3500米，在南半球为2000～2500米。海岭最高峰就是露出水面的亚速尔群岛等，海岭两侧分布有海盆。太平洋中部也有一条南北延伸长达1万余千米的海岭，它的西边，又是一片分散的海底山脉，少数山峰露出海面，著名的夏威夷群岛就是其中之一。

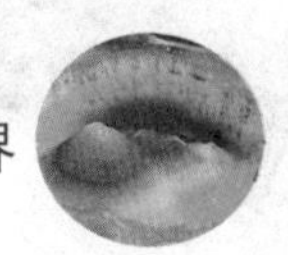

海岭和海沟的区别

海岭由地幔物质（岩浆）喷出海底堆积而形成，下一次喷发的岩浆会把上一次的物质向两侧推移，故海岭是大洋地壳的诞生处，其岩石年龄最年轻，属于板块的生长边界。而海沟是大陆地壳与大洋地壳相遇，由于大洋地壳的密度比大陆地壳要大，故大洋地壳向下附冲入大陆地壳形成海沟，故海沟是大洋地壳的消亡处，一般其岩石年龄最老，属于板块的消亡边界。

海 台

海台又称海底高原、海底长垣，为宽广而伸长的海底高地。通常起伏较小，台顶面比较平坦，高出周围洋底1～2千米。侧面坡度一般较陡，但有的也较平缓。有时可绵延千米以上，如太平洋马绍尔群岛和夏威夷群岛间的海台，长2800千米，宽900千米，以太平洋和印度洋分布较广。海台通常可分为：

①边缘海台，发育于大陆边缘，多分布于水深500～4000米处，为大陆坡或岛坡上的平坦面，坡度在1/100以下。通常为花岗岩基底，是沉没至海洋不同深度的地块，如美国东南岸外的布莱克海台。

②洋中海台，指洋盆中孤立的海底高原，大多位于水深4000～5500米处，上覆以钙质为主的厚层沉积物，通常无明显的火山、地震等构造活动。有些则具有陆壳性质，可认为是大陆裂离出来沉没的碎块，也称微型陆块，其地壳比周围洋底厚，但仍小于正常陆壳，如印度洋的马斯克林海台。

海 盆

海底并不像海面那样善变，一会儿是风平浪静，一会儿是狂浪滔天，海底的变化漫长而深刻。在海洋的底部有许多低平的地带，周围是相对高一些的海底山脉，这种类似陆地上盆地的构造叫做海盆或者洋盆，它是大洋底的主体部分。

现在深海钻探技术有了很大的提高，通过深海钻探可以揭示海底沉积物的类型和变化。实际钻探的结果显示，世界各大洋洋底的地壳都很年轻，一般不超过1.6亿年。实际上，海洋的年龄是在距今18亿年前形成的。世界上的大洋如此古老，为什么大洋洋盆的盆底却如此年轻呢？这个问题一直困扰着人们，直到大陆漂移说再次盛行。大陆漂移说的创始人魏格纳认为："2亿年前曾经存在一块联在一起的古大陆，在古大陆的周围存在着一个泛大洋，后来古大陆分裂成几个大碎块，并且各自漂移到现在地球上大陆的位置。如今的太平洋比古代的泛大洋已经缩小了很多。"科学家在解释古老的大洋、年轻的洋盆时，告诉我们：大洋的盆底从中间裂开，在裂开处炙热的岩浆从地壳下涌出，遇到海水就立刻被立即降温形成岩石。裂口处不断涌出岩浆，新的地层把先前生成的岩石地层向周围挤压推移，经过上亿年的演变就形成了现在这种海底年龄周边岩石的年龄最大，而洋底岩石的年龄最小的情况。其实，这个地壳演变过程从地球诞生起就从未停息过。在漫长的地质年代里，那些塌陷的部分，就形成了大大小小的海盆。

海隆

海隆是指宽广且坡度和缓的海底隆起区。深海底的海隆或者呈长条状，或者接近等轴状，有的还镶嵌着海山或火山岛。

①无震海隆：位于板块内部的洋盆区内的海隆，不发生地震。有一些海隆的基底是变厚和抬升的洋底，其形成与洋底基性火山活动有关。

②活动海隆：指较宽缓的大洋中脊，如东太平洋海隆。其位于板块边缘，故构造活动强烈，地震频繁。

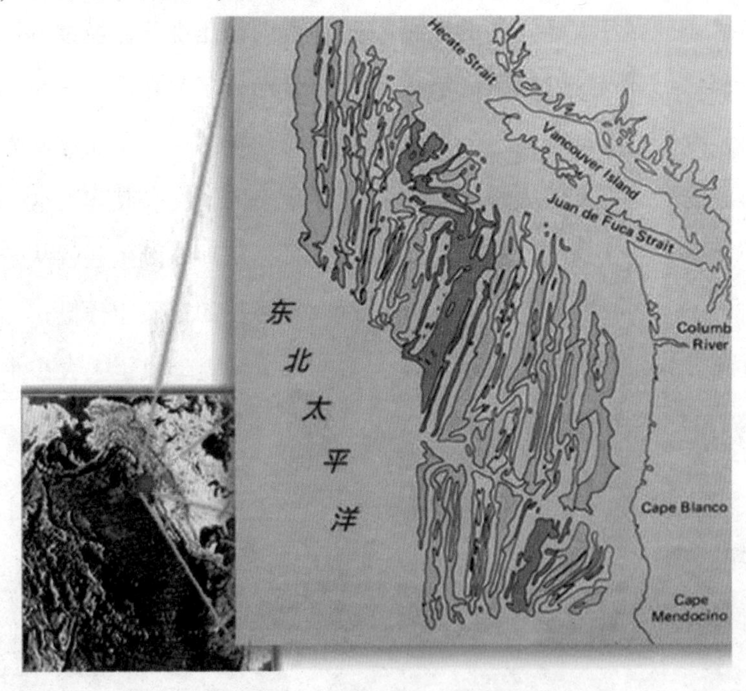

海 沟

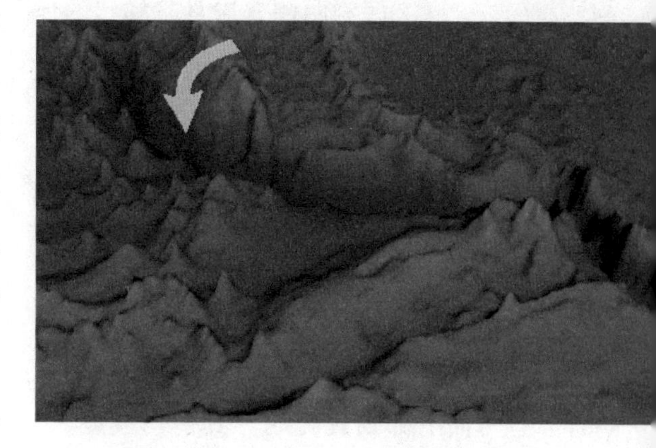

海沟是海底最深的地方，最大水深可达到10000多米。海沟是位于海洋中的两壁较陡、狭长的、水深大于5000米（如毛里求斯海沟5564米）的沟槽。

在地质学上，海沟被认为是海洋板块和大陆板块相互作用的结果。密度较大的海洋板块以30度上下的角度插到大陆板块的下面，两个板块相互摩擦，形成长长的“V”字型凹陷地带。另外，科学家还认识到所有的海沟都与地震有关，环太平洋的地震带都发生在海沟附近。这是因为海沟区的重力值比正常值要低，它意味着海沟下面的岩石圈被迫在巨大的压力作用下向下沉降。

（1）海沟的特征

海沟是岩石圈板块的汇聚型板块边界（消亡边界），大洋岩石圈板块在此俯冲、消亡，其主要分布于环太平洋地区，也见于印度尼西亚之西的印度洋和加勒比海域。在太平洋西部和印度洋，海沟与岛弧平行排列。在太平洋东部，海沟与陆缘火山链相伴随。海沟有以下特征：

①海沟长一般在500～4500千米，宽40～120千米。地球上最深的马里亚纳海沟深达11033米。海沟在平面上大多呈弧形向大洋凸出，横剖面呈不对称的“V”字型，近陆侧陡峻，近洋侧略缓。

②海沟两侧普遍具阶梯状的地貌，地质结构复杂。海沟中的沉积物一般较少，主要包括深海、半深海相浊积岩。海沟是大洋地壳与大陆地壳之间的接触过渡带。

③海沟的两面峭壁大多是不对称的“V”字型，沟坡上部较缓，而下部则较陡峭。其平均坡度为5度到7度，偶尔也会遇到45度以上的斜坡。

④海沟为重力负异常带，自由空间异常值低达-200毫伽以下，热流值仅为1HFU左右，低于地壳平均热流量。

⑤沿海沟分布的地震带是地球上最强烈的地震活动带。震源通常自洋侧向陆侧加深，构成自海沟附近向大陆方向倾斜的震源带。

（2）海沟的地理分布

海沟是深度超过6000米的狭长的海底凹地。两侧坡度陡急，分布于活动大陆边缘，主要见于环太平洋地区，如太平洋的菲律宾海沟、大西洋的波多黎各海沟等。在太平洋西部，海沟与岛弧平行排列。在太平洋东缘，海沟与陆缘火山弧相伴随。大西洋和印度洋也有少数海沟。

对于海沟，目前科学家有许多不同的观点。有人认为，水深超过

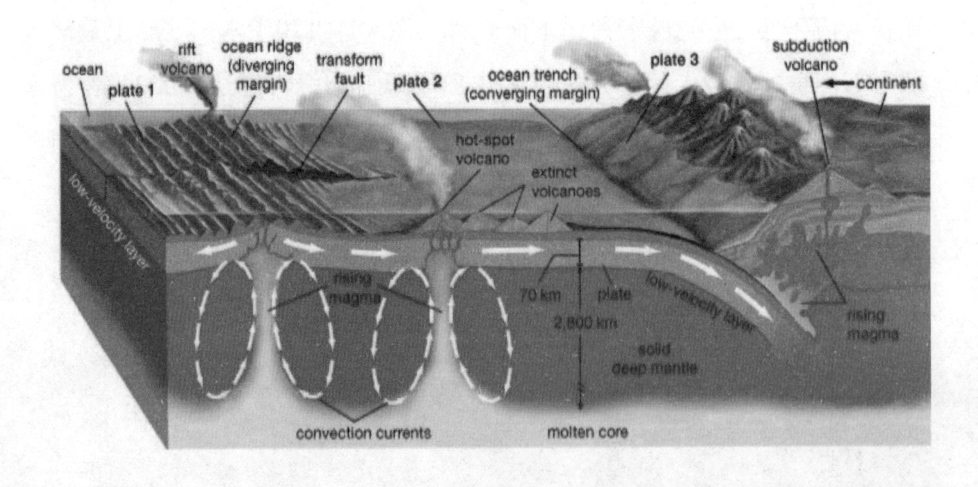

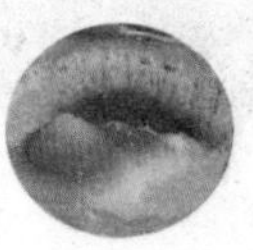

6000米的长形洼地都可以叫做海沟，另一些人则认为真正的海沟应该与火山弧相伴而生。世界大洋约有30条海沟，其中主要的有17条，属于太平洋的就有14条。

地球上主要的海沟都分布在太平洋周围地区，环太平洋的地震带也都位于海沟附近。地球上最深、也是最知名的海沟是马里亚纳海沟，它位于西太平洋马里亚纳群岛东南侧，深度大约11033米。1951年英国挑战者Ⅱ号在太平洋关岛附近发现了它。

海沟与岛弧紧密共生构成统一的弧沟系。大多数海沟位于岛弧向洋一侧，也有少数海沟见于岛弧陆侧的边缘盆地中，如南海东缘的马尼拉海沟、所罗门海的新不列颠海沟和珊瑚海的新赫布里底海沟等。这些海沟除长度较小外，其他形态特点与一般海沟无异。

十条最深的海沟

（1）太平洋马里亚纳海沟：最深11033米，为目前所知最深的海沟，也是地壳最薄之所在。该海沟地处北太平洋西方海床，位于北纬11度21分、东经142度12分，即近关岛之马里亚纳群岛东方。此海沟为两大陆板块辐辏之潜没区，太平洋板块于此潜没于菲律宾板块之下。海沟底部于海平面下之深度，远胜珠穆朗玛峰海平面上的高度。

（2）太平洋汤加海沟：最深10882米，在太平洋中南部汤加群岛以东，北起萨摩亚群岛，南接克马德克海沟，全长1375千米，宽约80千米。平均深6000米，最深达10882米。

（3）太平洋日本海沟：最深10682米，在太平洋西北部，日本群岛东侧南北分布的海沟。北连千岛海沟，南接伊豆诸岛东侧小笠原群岛附近的海沟。长890千米，宽100千米，平均深度6000米。本州岛鹿岛滩东部深8412米，最深处在伊豆诸岛东南侧。

（4）太平洋千岛海沟：最深10542米，是在太平洋千岛群岛附近的一个海沟。

（5）太平洋菲律宾海沟：最深10497米，位于菲律宾群岛以东的海沟，从吕宋岛之东北方伸延至印尼哈马黑拉的摩鹿加群岛，长约1320千米，宽约30千米。菲律宾海沟形成的原因是板块的碰撞，由玄武岩组成

较重的菲律宾板块以每年16厘米的速度沉到由花岗岩组成较轻的欧亚板块之下，两块板块的交汇之处就是菲律宾海沟。

（6）太平洋克马德克海海沟：最深10047米，长约1500千米，平均宽度60千米。

（7）大西洋波多黎各海沟：最深9219米，位于大西洋北部。波多黎各岛北9218千米，长约1550千米，平均宽度120千米。

（8）大西洋新赫布里底海沟：最深9174米，位于万那杜岛（新赫布里底岛）与新喀里多尼亚岛之间的珊瑚海边缘。长约1200千米，平均宽度70千米。

（9）太平洋布干维尔海沟：最深处有9140米，位于太平洋西南面，布干维尔岛以西9140千米。

（10）太平洋雅浦海沟：最深8850米，位于太平洋西部，帕劳群岛与马里亚纳海沟之间，雅浦岛东北8850千米。

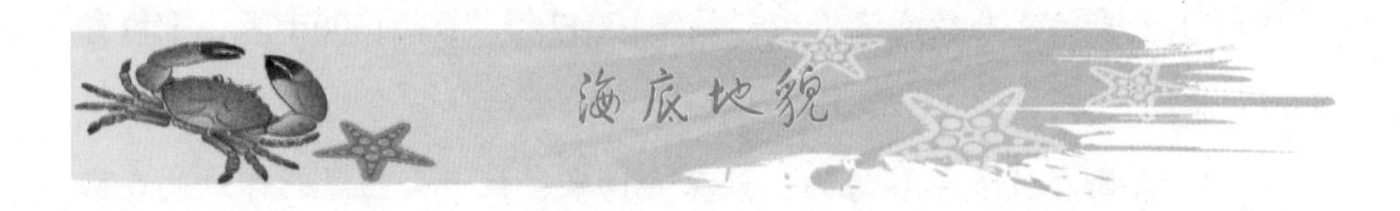

海底地貌是指海水覆盖下的固体地球表面形态的总称。海底有高耸的海山，起伏的海丘，绵延的海岭，深邃的海沟，也有坦荡的深海平原。纵贯大洋中部的大洋中脊，绵延8万千米，宽数百至数千千米，总面积堪与全球陆地相比。大洋最深点11033米，位于太平洋马里亚纳海沟，超过了陆上最高峰珠穆朗玛峰的海拔高度（8844.43米）。

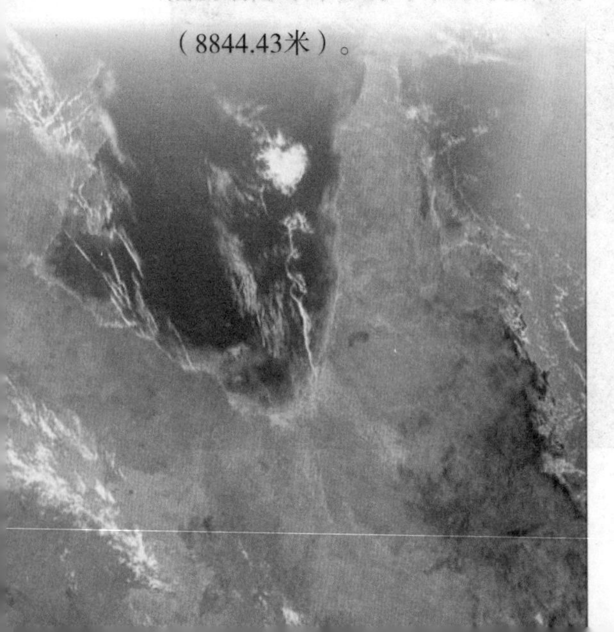

海底地貌单元简介

深海平原坡度小于千分之一，其平坦程度超过大陆平原。整个海底可分为大陆边缘、大洋盆地和大洋中脊三大基本地貌单元及若干次一级的海底地貌单元。

（1）大陆边缘

大陆边缘为大陆与洋底两大台阶面之间的过渡地带，约占海洋总面积的22%。通常分为大西洋型大陆边缘（又称被动大陆边缘）和太平洋型大陆边缘（又称活动大陆边缘）。前者由大陆架、大陆坡、大陆隆3个单元构成，地形宽缓，见于大西洋、印度洋、北冰洋和南大洋周缘地带。后者陆架狭窄，陆坡陡峭，大陆隆不发育，而被海沟取

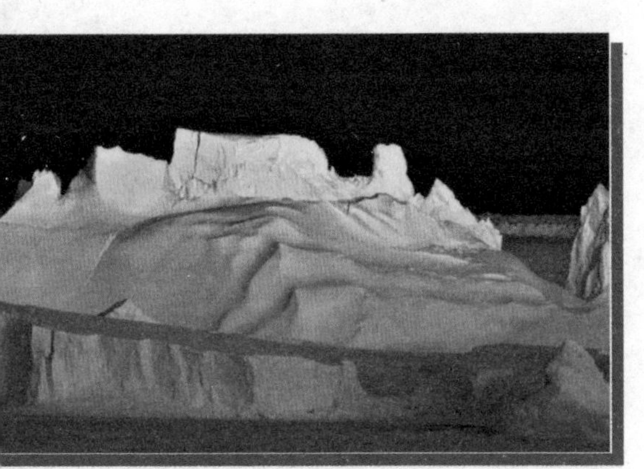

代，可分为两类：海沟-岛弧-边缘盆地系列和海沟直逼陆缘的安第斯型大陆边缘，主要分布于太平洋周缘地带，也见于印度洋东北缘等地。

（2）大洋盆地

大洋盆地位于大洋中脊与大陆边缘之间，一侧与中脊平缓的坡麓相接，另一侧与大陆隆或海沟相邻，占海洋总面积的45%。大洋

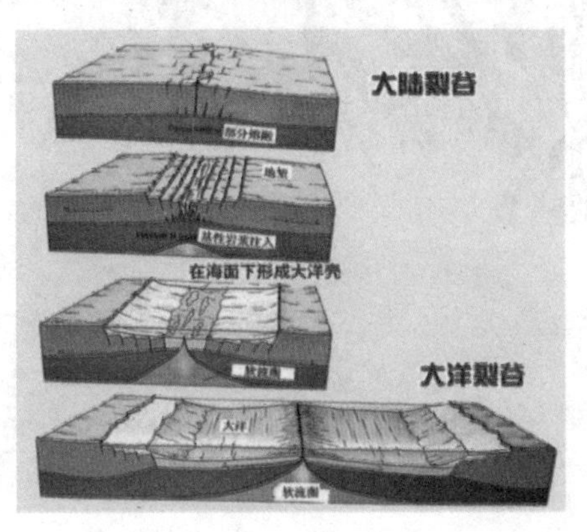

盆地被海岭等正向地形分割，构成若干外形略呈等轴状，水深约在4000～5000米左右的海底洼地称海盆。宽度较大、两坡较缓的长条状海底洼地叫海槽。海盆底部发育深海平原、深海丘陵等地形，长条状的海底高地称海岭或海脊，宽缓的海底高地称海隆，顶图面平坦、四周边坡较陡的海底高地称海台。

（3）大洋中脊

一般人会把海洋想像成一个无与伦比的大水盆，大陆架是盆沿，大陆坡是盆帮，深海平原是盆地。然而，这盆底不是空旷的一马平川，在那茫茫的海底，矗立着蜿蜒的群山，好像一条静卧的巨龙，头部伸进北冰洋，前身纵贯大西洋，龙腰插入印度洋，后尾甩向太平洋，绵延曲折长达数万千米，盘踞了地球四分之一的表面积。这条“巨龙”被地学家称之为“大洋中脊”。

大洋中脊是地球上最长最宽的环球性洋中的山系，占海洋总面积的33%。太平洋内，山系位置偏

东，起伏程度小于大西洋中脊，称东太平洋海隆。大西洋中脊呈“S”形，与两岸轮廓平行。印度洋中脊歧分三支，呈“入”字形。三大洋的中脊南端在南半球相互连接，北端分别经浅海或海湾潜伏进大陆。大洋中脊轴部高出两侧洋盆底部约1～3千米，脊顶水深一般为2～3千米，有的甚至露出海面，如冰岛。中脊被一系列与山系走向垂直或稍斜交的大断裂错开，沿断裂带出现狭长的沟槽、海脊和崖壁，断裂带两侧海底被分割成深度不同的台阶。

大洋中脊分脊顶区和脊翼区。脊顶区由多列近于平行的岭脊和谷地相间组成。脊顶为新生洋壳，上覆沉积物极薄或缺失，地形十分崎岖。沿大西洋和印度洋中脊轴部，一般有深约1～3千米的裂谷夹峙于两侧裂谷山脊之间。脊翼区随洋壳年龄增大和沉积层加厚，岭脊和谷地间的高差逐渐减小，有的谷地可被沉积物充填成台阶状，远离脊顶的翼部可出现较平滑的地形。

海底地貌的形成

海底地貌与陆地地貌一样，是内营力和外营力作用的结果。海底大地形通常是内力作用的直接产物，与海底扩张、板块构造活动息息相关。大洋中脊轴部是海底扩张中心，宏伟的中脊地形实际上是上涌的热膨胀地幔物质的反映，海底在向两侧扩张的过程中伴随着冷却下沉。海底扩张慢，有充分时间冷却沉陷，中脊两坡较陡，如大西洋中脊。海底扩张快，则两坡较缓，如东太平洋海隆。自中脊轴带向两侧，随着海底年龄变老，水深加大，沉积层加厚。相应地大洋中脊过渡为大洋盆地，中脊顶部崎岖的地形被深海丘陵以致深海平原所代替。

深洋底缺乏陆上那种挤压性的褶皱山系，海岭与海山的形成多与火山、断块作用有关。自大洋盆地向大陆一侧，出现两种情况：一是未发生板块俯冲活动，形成宽缓的大西洋型大陆边缘；二是板块的俯冲形成深邃的海沟与伴生的火山弧

（太平洋型大陆边缘），地形高差悬殊，火山弧陆侧可因弧后扩张作用形成边缘盆地。

外营力在塑造海底地貌中也起一定作用。较强盛的沉积作用可改造原先崎岖的火山、构造地形，形成深海平原。深海平原和深海丘陵地貌上的差异实际上取决于沉积厚度的大小。海底峡谷则是浊流侵蚀作用最壮观的表现，但除大陆边缘地区外，在塑造洋底地形过程中，侵蚀作用远不如陆上重要。波浪、潮汐和海流对海岸和浅海区地形有深刻的影响。海底滑坡、深海底流等也会造成海底陡崖、流痕等小地形或微地形。但除大陆边缘地区外，在塑造洋底地形的过程中，侵蚀作用远不如陆上重要。

海底地貌类型

（1）海底河流

海底河流是指在重力的作用下，经常或间歇地沿着海底沟槽呈线性流动的水流。海底河流也像陆地河流一样，能够冲出深海平原，只是深海平原就像海洋世界中的沙漠一样荒芜，这些地下河渠能够将生命所需的营养成分带到这些沙漠中来。因此，这些海下河流非常重要，就像是为深海生命提供营养的动脉要道。

英国科学家2010年7月底在黑海下发现一条巨大海底河流，深达38米，宽达800多米。按照水流量

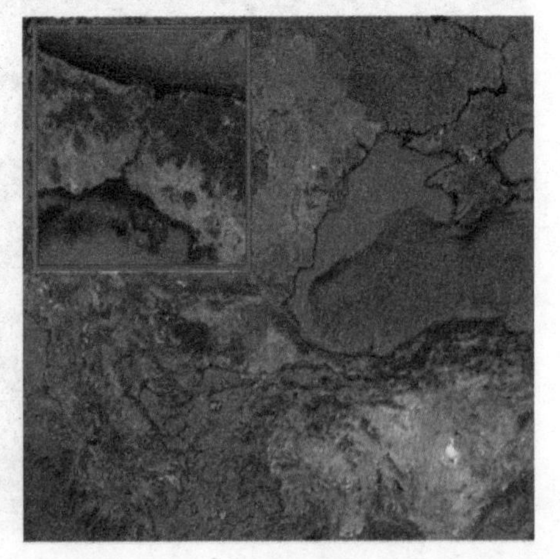

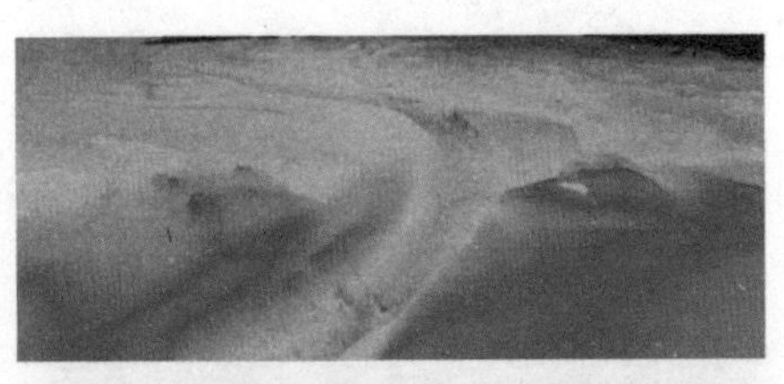

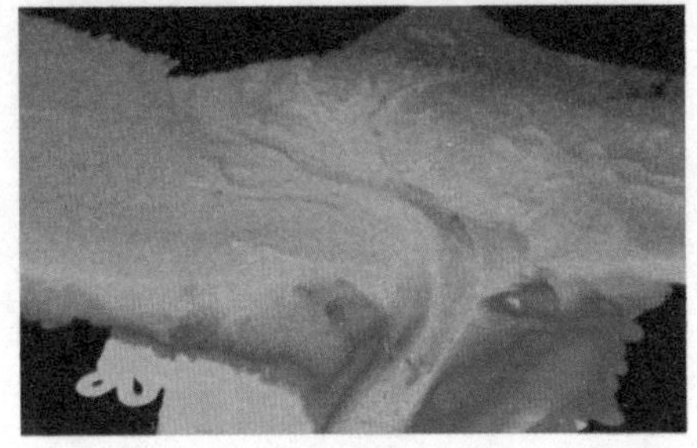

标准计算，这条海底河流堪称世界上第六大河。像陆地河流一样，海底河流也有纵横交错的河渠、支流、冲积平原、急流甚至瀑布。

英国利兹大学研究团队于2010年7月底使用遥控潜艇对土耳其附近海床进行扫描，发现了黑海的海底河流。这条海底河流的流速为每小时6.4千米，河水流量每秒钟高达2.2万立方米。按照流量计算，这条海底河流是泰晤士河的350倍，比欧洲最大河流莱茵河大10倍。这是截至目前为止，发现的唯一一条活跃的海底河流。其河水来自地中海，经过博斯普鲁斯海峡，最后进入黑海。

（2）海底山脉

大洋底部存在世界上最长的山系，这个事实直到19世纪后期才被人类发现。1866年，在铺设横越大西洋的海底电缆时，发现大西洋底的中部水浅而两侧水深。第一次世界大战后，德国人为了偿还债务，梦想从海水中采金，于是建造了一艘“流星”号考察船远赴大西洋考察作业。结果黄金没有找到，却收集了一大批珍贵的海洋资料。他们用超声波装置对大西洋底探测的结果显示，大西洋底有一条从北到南

的海底山脉。山脉的高点露出海面形成了亚速尔群岛、阿松森群岛。

1956年，美国学者尤因和希曾首先提出，全球大洋洋底纵贯着一条连续不断的全长达6.4万千米的中央山系，又叫做大洋中脊。中央山系比大洋盆地高约1到2千米，它的宽度约为1000到2000千米，最宽处可达5000千米。大洋山系的总面积约占海洋总面积的30%。其中，大西洋山系北起北冰洋，向南呈“S”形延伸，在南面绕过非洲南端的好望角与印度洋山系的西南支相连。印度洋山系的东南支向东延伸与东太平洋山系相连，东太平洋山系北端进入加利福尼亚湾。印度洋山系北支伸入亚丁湾、红海与东非内陆裂谷相连。大西洋山系向北延伸到北冰洋，最后潜入西伯利亚。洋底山系全长可以绕地球一圈半。

经过细致测量，人们发现大洋中脊上有一条1到2千米宽的裂谷。为了揭开海底的地质演变奥秘，人们曾经多次下潜到大洋中脊的裂谷中进行实地勘测。在1972年到1974年期间，法国和美国的科学家在地质学家勒皮雄的领导下，使用深潜器观测到了大洋中脊的裂谷。

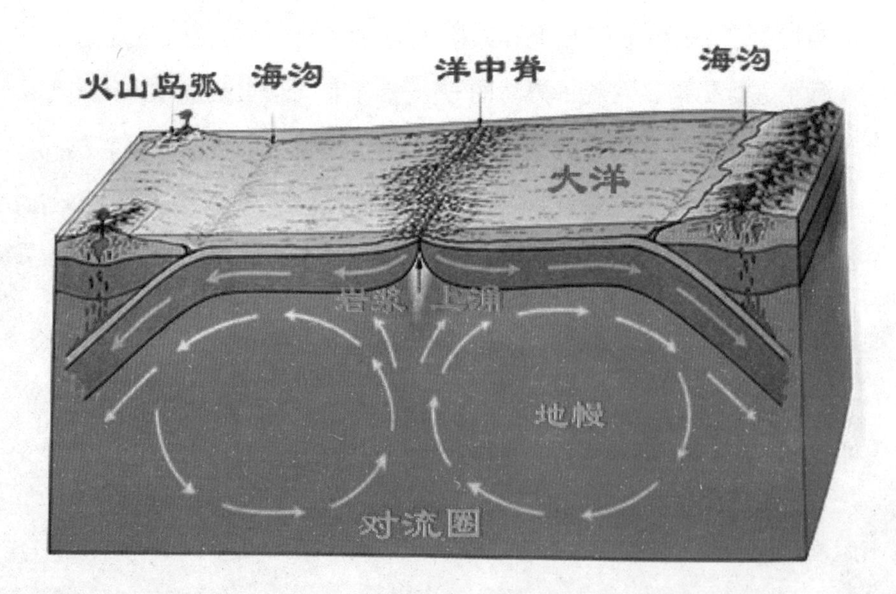

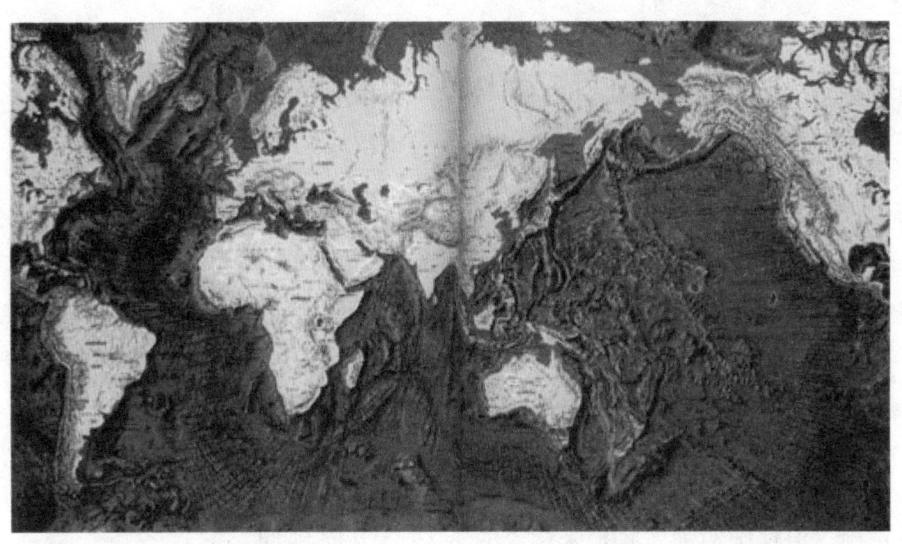

（3）海底平顶山

二次大战期间，美国著名的地质学家赫斯教授是当时美国海军一艘运输船的船长。他经常指挥他的船来往于太平洋中部和南太平洋之间。在战争要结束的两年里，他从回声探测仪上发现，太平洋海底有许多海底山脉。于是，他利用回声探测仪连续记录下来各点的深度。同时他还发现，洋底的海山顶部是平坦的。这些海底平顶山是由玄武岩一类的岩石构成的。赫斯上校把这些海山一一标在海图上，并且称这些海山为海底平顶山。战争结束后，他用法国地理学家盖约特的名字命名了海底平顶山。后来，他对自己的发现做出了解释：“在距今6亿年前的前寒武纪时代，在太平洋的洋面上，有相当数量的火山岛。这些火山岛的顶部由于受到海浪的侵蚀冲击，逐渐形成平坦的顶部，随之变成了浅滩。此后，由于地质原因，这些火山岛沉入海底1000米

到2000米的深处。不过，这种现象究竟是由于火山下沉造成的，还是由于海平面上升造成的，至今不得而知。不过，迄今为止，没有证据证明这些火山形成平坦的顶部是在前寒武纪时代，还是进入古生代以后的地质年代。总之，当时太平洋已经是3000多米深的海洋了。”

无论赫斯对平顶山的研究是否正确，但他确实为海底扩张学说的形成提供了有力的证据。

（4）珊瑚礁海岸

珊瑚礁海岸是造礁珊瑚、有孔虫、石灰藻等生物残骸构成的海岸。珊瑚礁海岸，依其特征可分为岸礁、堡礁和环礁。

岸礁通常紧贴岩岸发育，宽几百米至上千米，好像一条花边镶在海岸上。它一般紧靠陆地发育分布，构成一个位于海面下的平台，对岩岸起了保护作用。波浪斗不过造礁珊瑚的增长，对有岸礁保护的岩岸当然就更无能为力了。红海、桑给巴尔岛和我国的台湾、海南岛就有岸礁分布。

堡礁分布在离岸一定距离的海域中，由堤状珊瑚礁构成，沿海岸线总方向延伸。它像一条长堤一样，环绕在海岸的外围，而与海岸间隔着一个宽阔的浅海区或者隔着一个泻湖，泻湖深度在20～100米以上。世界上最著名的堡礁是澳大利亚的大堡礁，我国的南海诸岛和澎湖列岛也有堡礁分布。

环礁是出露于海面上、高度不大的珊瑚礁岛，外形成花环状，中央是个礁湖，湖水浅而平静，平均深度约为45米。而环礁的外缘却是波涛汹涌的大海，环礁在三大洋的热带海域均有分布，我国南海诸岛中，不少岛屿即是由环礁组成的。

珊瑚礁海岸的分布很广，最多的地方是太平洋中部和西部、澳大利亚的东岸和北岸，巴西的东岸以及红海沿岸，我国的南海诸岛，这种海岸的分布也不少。

（5）海底火山

火山喷发的现象，是地壳下面的岩浆冲出地壳时造成的。由于地球内部温度很高，压力极大，所以岩石在800℃以上的高温下会变成通红的炽热液体。随着温度的提高，岩浆产生的物理和化学反应可以施放出有毒气体，好像水中的气泡一样上升到岩浆表面破裂，这就是人们看到的岩浆沸腾的样子。火山喷发的时候，岩浆从地下喷发出来，汇成一条沸腾的河流奔涌向前。直到岩浆逐渐冷却，形成玄武岩或者橄榄石。

海底火山起初只是沿洋底裂谷溢出的熔岩流，以后逐渐向上增

高。大部分海底火山喷发的岩浆在到达海面之前就被海水冷却，不再活动了。所以，人们从来没有真正看到过海底火山爆发的景象。至多，只是看到海底的熔岩泉不断冒出新的岩浆形成新的火成岩。美国一个潜水探险队的两个成员，曾经冒着生命危险探索夏威夷群岛火山。在水面下100英尺的深度，他们拍摄到了不断从海底火山口流出的熔岩河流，沿着火山的山坡向更深的海底奔腾而下，而周围的海水温度被加热到100℃以上。如果没有先进的潜水设备，他们根本就不可能靠近海底的岩浆。

海底火山在喷发中不断向上生长，会露出海面形成火山岛。1796年，太平洋北部阿留申群岛中间的海底，火山不断喷发，熔岩越积越多，几年后，一个面积30平方千米的火山岛就出现在海面上。在距离澳大利亚东岸约1600千米的太平洋上，有一个小岛，叫做法尔康岛。1915年这个小岛突然消失，但是，11年后它又重新冒出海面，原来这就是海底火山喷发和波浪作用造成的。

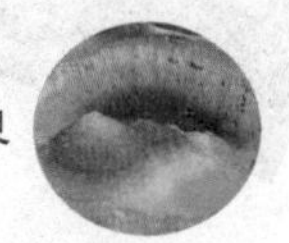

（6）海底热泉

1979年的一天，在加利福尼亚湾的外太平洋海底，美国科学家比肖夫博士等人乘坐“阿尔文”号潜水器向深海下潜。当他们下潜到2500米接近海底时，看到一幅十分奇异的景象：蒸汽腾腾，烟雾缭绕，烟囱林立，好像重工业基地一样。经过仔细观察，他们发现在“烟囱林”中有大量各种生物生存，它们基本上围绕着烟囱生存。烟囱里冒出的烟的颜色大不相同。有的烟呈黑色，有的烟是白色的，还有清淡如暮霭的轻烟。

实际上，海底热泉的活动并不一定形成烟囱。早在20世纪60年代，科学家们在红海发现了许多奇异的现象，比如水温和盐度偏高，接着就出现了高温卤水。1967年，在一处海渊中发现了在热泉周围形成的海底多金属软泥。从此揭开了人类研究现代热液矿产资源的新篇章。1988年，我国科学家与德国科学家联合考察了马里亚纳海沟。他们通过海底电视看到，在水下3700米左右的海底岩石上有枯树桩一样的东西，它高2米，直径50到70厘米不等，周边还有块状、碎片状和花朵状的东西，在这些喷溢海底热泉的出口处，沉淀堆积了许多化学物质，他们采集了1000千克的岩石样品，主要是黄褐色，间杂黑色、灰白色、蓝绿色。经过化学分析和鉴定，人们确认这就是海底热泉活动的残留物，叫做烟囱，它们大多是硫化矿物。除了大量

铜、锌、锰、钴、镍外，还有金、银、铂等贵重金属。更加令人吃惊的是，在那些活动热泉附近，甚至聚集了大量的人类不曾认识的新生物物种。这些，都需要今后人类的艰苦努力去探索。

（7）深海平原

深海中也有如同陆地平原一样的地貌，这就是深海平原。深海平原一般位于水深3000米到6000米的海底，它的面积较大，一般可以延伸几千平方千米。深海平原的表面光华而平整，有的深海平原向一定方向微微倾斜，有的则有地势的起伏。深海平原上有厚厚的沉积层，沉积层将原来复杂的原始地貌掩盖起来。制造深海平原的沉积物主要来自大陆架，并且被海流沿斜坡向下搬运到地势低洼的地方。深海平原大多位于陆地物质不断供应的地带。

深海平原在世界各大洋中均有分布。大西洋是深海平原分布最多的海洋，因为大西洋的陆源沉积物特别丰富，而且大西洋的边缘没有海沟阻隔，所以为深海平原的形成提供了最有利的条件。相反太平洋

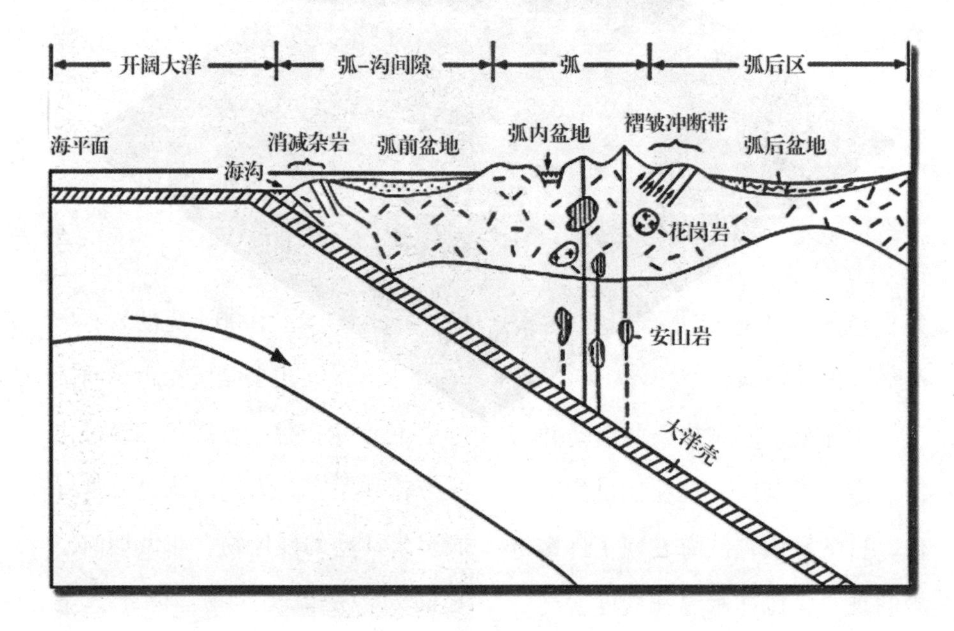

因周围有许多海沟，所以太平洋的深海平原就十分少见，仅在太平洋东北部有所分布。

在1947年以前，人们对深海平原的认识还很肤浅，甚至没有深海平原的定义。直到1947年地质学家考察大西洋大洋中脊时，人们才发现了深海平原。1948年，瑞典深海平原考察队对印度洋中的深海平原作了较为详尽的调查，并且绘制了海图。从此人们陆续考察了各大洋中的深海平原，有关深海平原的研究不断广泛而深入地展开。

（8）黑烟囱

喷溢海底热泉的出口往往能够形成黑烟囱。由于物理和化学条件的改变，含有多种金属元素的矿物在海底沉淀下来，尤其是喷溢口的周围连续沉淀，不断加高，形成了一种烟囱状的地貌。烟囱高低粗细各不相同，高的可以达到一百多米，矮的也有几米到几十米。烟囱的直径因喷溢口的大小而不同，小烟囱的口一般只有几十厘米，大烟囱的口可以达到几米。喷发剧烈的喷溢口四周的沉积物也多，往往形成了小丘，高度有的高达100多米。其实，在海水冲击的作用下，烟囱的高度很难无限升高。尤其那

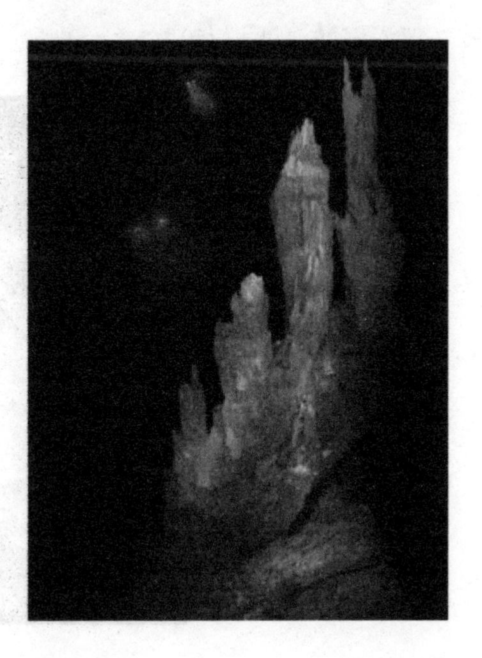

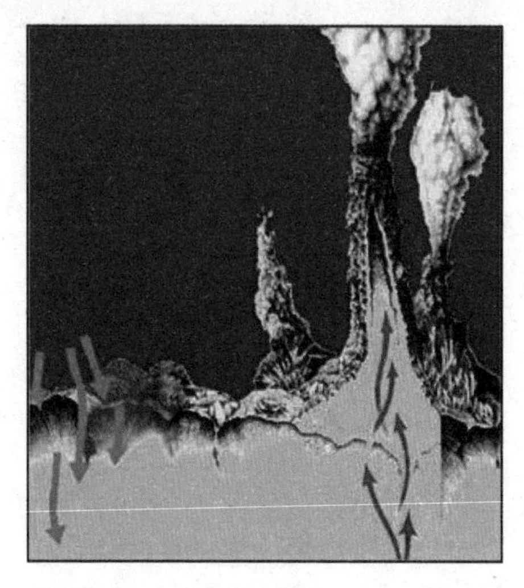

些长年不活动的喷溢口，烟囱往往经不住海水的冲击而垮塌。

那些冒烟的黑烟囱四周，有种类和数量都十分丰富的海洋生物。一般深海的温度只有0℃，而海底热泉活动频繁的黑烟囱附近水温却高达350℃到400℃。据推算，水深每增加10米，水压就会增大1个大气压，好比在水深4000米的海底，一个成年人身上要承受上百吨的压力。在这样恶劣的环境下，怎么可能还有生物呢？为了解开这个谜，科学家们进行了艰苦卓绝的探索。1980年，日本科学家乘坐考察船在太平洋加拉帕戈斯群岛附近考察，在一个海渊里90℃的热水中，发现了僵死的细菌。科学家们继续下潜探察细菌的来源，在2650米深处，发现了活动力极强的细菌。而这里的水温为250℃，水压为2700万帕斯卡。原来，那些90℃的热水中发现的僵死细菌，是被热水推到水深较浅的水域“冻死”的或者是忍受不了内部的压力“爆炸”而死的。

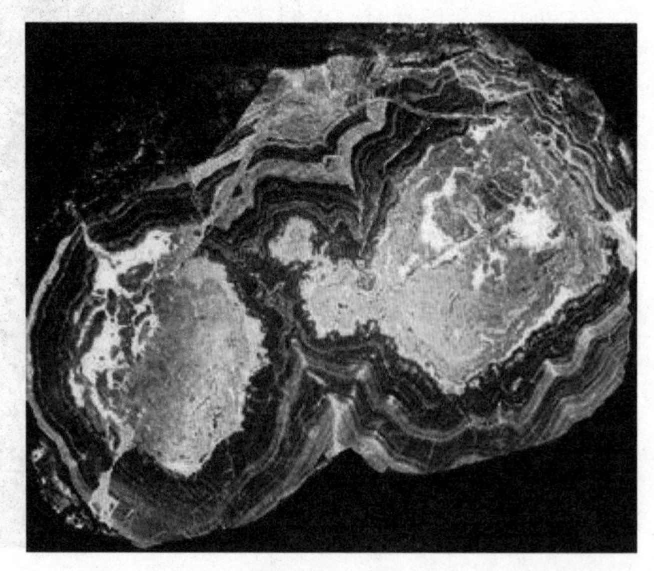

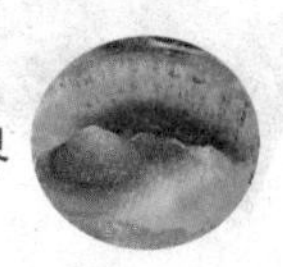

太平洋海底地貌特征

大洋底地貌与陆地有些相像，既有巨大高耸的山脉，辽阔平坦的海底平原，也有深达万米的大海沟。

太平洋的海底地貌起伏较大。在太平洋东部，有一条大洋中脊和纵贯南北的海底山岭，约占太平洋总面积的35%。大洋中脊是巨大的弧形，北从阿留申海盆开始，经阿拉斯加湾、加利福尼亚湾、加拉帕戈斯群岛，与东太平洋海区相连，再向西与印度洋中脊系统相接。它的北段被美国太平洋沿岸大陆所淹埋，南段是比较明显的东太平洋海岭。大洋中脊是一种巨型构造地带，被一系列与纬度线平行的长达数千千米的断裂带所切割。

在太平洋中部，有一条略呈西北东南走向的雄伟的海底山脉. 北起堪察加半岛，经夏威夷群岛、莱

恩群岛至上阿莫士群岛，绵延一万多千米，把太平洋分成东西两部分。在这条中太平洋山脉以西，除有西北海盆、中太平洋海盆和南太平洋海盆外，还有一片繁星般分散的海底山。这些海底山有的沉没在深海中，有的耸立于海面之上成为岛屿，夏威夷岛就是中太平洋海底山脉中的一些山峰。它们从5000多米深的海底升起，加上岛上的主峰高出海面4270米，绝对高度达9270多米，超过了陆地上最高的山峰珠穆朗玛峰的高度。可见，海底山的规模是非常宏大的。在中太平洋山脉以东，除北太平洋海盆、东太平洋海盆和秘鲁智利海盆外，还有辽阔的东太平洋高原和阿尔巴特罗斯海台等。

有趣的是，太平洋最深的地方，不是在中央地带，而是在西部的大陆架地区。在这个地区，有一系列巨大的岛弧和海沟带。岛弧和海沟紧挨在一起，构成地球表面起伏最剧烈的地带，地形高差达15000米。在岛弧内侧与大陆之间是一系列边缘海，岛弧外侧紧挨着深达的海沟，其中深度超过一万米的有4个，世界上最深的马里亚纳海沟（11033米）就分布在这里。

在太平洋东部、南北美洲沿海一带，没有岛弧，只有海沟，深度超过6000米的海沟有10多个。其中秘鲁-智利海沟逶迤近长达5900千米，是世界海洋中最长的海沟。太平洋边缘的大陆架、大陆坡、岛弧和海沟，约占太平洋底总面积的10%。

大西洋海底地貌特征

大西洋同太平洋不同，它四周的陆地多是广阔的平原、高原和不太高的山岭，而洋底的地形却比较复杂。

在大西洋的中部，有一条纵贯南北的大西洋海岭。它从冰岛海岸起向南延伸，穿过大西洋南部，直到南极洲附近，南北全长达15000千米。海岭走向与大西洋的表面形态基本一致，也略呈“S”型。海岭宽度一般在1500～2000千米，约占大西洋总宽度的1/3，高度一般在200～4000米。海岭的中央地带最高，也最陡峭，山峰距海面只有1500米，有的甚至露出海面成为高峻的岛屿，如亚速尔群岛的山地，从海底升起高出海面2000多米。沿着大西洋海岭的脊部有一条非常陡峭深邃的大裂谷，深度达2000米，宽30～40千米，长1000多千米。它是地壳的一个大裂缝。海岭由许多横向断裂带切断，这些断裂带在地貌上表现为一系列海脊和狭窄的线状槽沟。其中位于赤道附近地区的罗曼在断裂带，全长350千米，深达7864米，是沟通东西两部分大洋底流的主要通道，它把大西洋海岭明显的分为南北两部分。

大西洋海岭和洋底高地分割了海底，在其东西两侧各形成了一系列深海海盆。东侧主要有西欧海盆、伊比利亚海盆、加那利海盆、佛得角海盆、几内亚海盆、安哥拉海盆和开普敦海盆。西侧主要有北美海盆，巴西海盆和阿根廷海盆。在大西洋的南部，还有大西洋-印度洋海盆。这些海盆一般深度在5000米左右，中央很宽广，比较平坦，盆地中堆积着大量的深海

软泥。在这些海盆之间，又有几条岭脉高地突起，有的露出水面形成岛屿。如马德拉群岛、佛得角群岛等，这些海盆约占整个大西洋底面积的三分之一。

大西洋边缘地区的海底地域十分复杂，有大陆架、大陆坡、大陆隆起（海台）、海底峡谷、水下冲积锥和岛弧海沟带。大陆架面积仅次于太平洋的大陆架面积，为620万平方千米，约占大西洋总面积的8.7%，大陆架宽度变化很大，从几十千米到1000千米不等，如几内亚湾沿岸、巴西高原东段、伊比利亚半岛西侧的大陆架，都很狭窄。一般不超过50千米。而在不列颠群岛周围，包括整个北海地区，以及南美南部巴塔哥尼亚高原以东的大陆架，宽度常达1000千米左右。大西洋的大陆坡，各海域也不相同。沿欧洲、非洲的陡峻狭窄，沿美洲的较宽较缓。在大西洋海底大陆坡和深海盆之间，分布着一些大陆隆起，较大的有格陵兰-冰岛隆起、冰岛-法罗隆起、布茵克隆起和马尔维纳斯隆起。在格陵兰岛与拉布拉多半岛之间的中大西洋海底峡谷和密西西比河、亚马逊河、刚果河、莱茵河等河流河口附近，分布着一些半锥状的水下冲积锥，规模一般只有数百平方米。此外，大西洋还有两个岛弧海沟带，即大、小安的列斯群岛的双重岛弧海沟带和南美南端与南极半岛之间的岛弧海沟带。其中大安的列斯岛弧北侧的波多黎各海沟，长达1550千米，宽120千米，深达8648米，是大西洋的最深点。

印度洋海底地貌特征

印度洋的海底地貌，与其他大洋相比，表现了复杂多样的特点。

在印度洋海底中部，分布着“入”字形的中央海岭。它是由中印度洋海岭、西印度洋海岭和南极-澳大利亚海丘组成的，三者在罗德里格斯岛交汇。中印度洋海岭是中央海岭的北部分支，由一系列岭脊组成，一般高出两侧海盆1300～2500米，个别出海面形成岛屿，如罗德里格斯岛、阿姆斯特丹岛等。中印度洋海岭向西北叫阿拉伯-印度海岭，再向西延伸进入亚丁湾，与红海和东非裂谷系统相连。西印度洋海岭是中央海岭的西南分支，在阿姆斯特丹附近与中印度洋海岭相连，经爱德华群岛后，称为大西洋-印度洋海丘，与大西洋海岭南端相连。南极-澳大利亚海丘是中央海岭的东南分支，在阿姆斯特丹岛附近与中印度洋海岭相连。印度洋中央海岭由一系列平行于中脊轴的岭脊组成，岭脉崎岖错杂，宽度最大的达1500千米，其间还分布着

许多横向的断裂带。

“入”字形的中央海岭，把印度洋分为东部、西部和南部三大海域。东郊区域被东印度洋海岭分隔为中印度洋海盆、西澳大利亚海盆和南澳大利亚海盆。这些海盆都比较广阔，海水较深。西部区域海岭交错分布，分隔出一系列海盆，主要有索马里海盆、马斯克林海盆、马达加斯加海盆和厄加勒斯海盆，这些海盆面积较小，海水较浅。南部区域地形较为简单，有克罗泽海盆、大西洋-印度洋海盆和南极东印度洋海盆，这些海盆一般深度为4500~5000米。

印度洋周围浅海区域大陆架面积为230万平方千米，约占印度洋总面积4.1%，是四个大洋中大陆架面积最小的一个大洋。而且大陆架普遍比较狭窄，只是在波斯湾、马六甲海峡、澳大利亚北部、马来半岛西部和印度半岛西部边缘的大陆架宽度较大一些。大陆坡也不宽，但有一些大陆隆起以及水下冲积锥。主要的大陆隆起有非洲沿岸的厄加勒斯海台、莫桑比克海台、查戈斯拉克代夫海台等。水下冲积锥主要分布在恒河和印度河人海口附近地区。此外，印度洋底还有一个岛弧海沟带，它自安达曼群岛以西，到苏门答腊岛、爪哇岛、努沙登加拉群岛以南，是印度-澳大利亚板块向欧亚板块俯冲形成的。其中爪哇海沟长4500千米，深达7729米，是印度洋的最深点。

印度洋－毛里求斯海岸

北冰洋海底地貌特征

北冰洋不仅规模在四个大洋中最小，而且海水比较浅，海底地貌也比较简单。

在北冰洋中部，横卧着两条海岭，即罗蒙诺索夫海岭和门捷列夫海岭。罗蒙诺索夫海岭略呈西北东南走向，从新西伯利亚群岛起，经北极的中央部分，直达格陵兰海岸。门捷列夫海岭与罗蒙诺索夫海岭大致平行，在东西伯利亚海域符兰格尔岛与加拿大最北端的埃尔斯米尔岛之间，规模比罗蒙诺索夫海岭要小一些。两条海岭把北冰洋海底分为三个海盆，即南森海盆、加拿大海盆和马卡罗夫海盆。其中南森海盆深度5449米，是北冰洋的最深处。

北冰洋海底地貌最突出的特点是大陆架非常宽广，总面积达440万平方千米，占北冰洋总面积的33.6%，是世界四个大洋中大陆架面积占大洋总面积比例最大的一个洋。大陆架在北冰洋边缘地区均有分布，但主要分布在亚欧大陆一侧的东西伯利亚梅、拉普帖夫海、喀拉海、巴伦支海、挪威海以及格陵兰海海域。在大陆架地区，有极为丰富的石油和天然气资源。沿海岛屿有煤、铁、铜、铅、锌等矿藏。

第二章

遨游江湖——海洋生物

世界各地拥有无数海洋风景地，那里风光明媚，景色迷人，有丰富的自然旅游资源。有的奇花异草四季绽放，有的四季冰雪，有的碧海银滩，有的风情无限。旅游在海边，天空和海水都是最澄澈的颜色，棉花糖般的云朵洁白松软，享受着碧海蓝天间习习微风的吹拂，一切都使人产生出梦幻般的感觉。风帆、滑水、潜水等海上旅游项目，吸引着追求刺激和新奇的人们，而水下观赏鱼类及其他海洋动物更是激发了人们的好奇心。

几百年来，人类一直想要对深海生物有更深的认识，各地流传的神话故事中，几乎都会讲到深海巨怪，希腊、澳洲原住民、挪威及各个有关人类探索海域的神话中，随处可见海蛇、大乌贼、巨鲨的存在。

深海底究竟有什么生物呢？没有人有正确答案。地表上有60％以上的面积是由超过一英里深的海水所覆盖，但目前人类仅仅发掘一小部分，去过外太空探险的太空人，比去过深海探索的潜水夫还要多。深海底巨大的压力，使得人类一直无法探索这个陌生区域，而新科技的发明解决了这个问题。有些在深海中捕抓到的动物，历经压力巨变，浮到水面上时，却仍然存活下来，这点令科学家百思不得其解。不过在过去四十年内，科学上有了长足的进步，人类终于可以抵达这些地方。深海相机、潜水机器、特殊平衡压力的捕捉器以及探勘系统，协助人类观察深海一角的生物。

海中生物大多聚集在海面与1000米的海域中，但是在这些生命之外，还有另一群陌生、奇妙的生命体，它们的生活方式独一无二，难以理解。管状虫类、果冻般的发光生物、比目鱼、螃蟹、大型鲨鱼和鲸鱼等生物，使深海成为传说动物的最佳住所，等待人类一窥奥秘。在这一章里将为大家展示各有特色的海底生物，满足大家的好奇心。

海洋生物定义

海洋生物是指海洋里的各种生物，包括海洋动物、海洋植物、微生物及病毒等，其中海洋动物包括无脊椎动物和脊椎动物。无脊椎动物包括各种螺类和贝类，有脊椎动物包括各种鱼类和大型海洋动物，如鲸鱼、鲨鱼等。食物蛋白的营养价值主要取决于氨基酸的组成，海洋生物富含易于消化的蛋白质和氨基酸。海洋中鱼、贝、虾、蟹等生物蛋白质含量丰富，富含人体所必需的9种氨基酸，尤其是赖氨酸含量更比植物性食物高出许多，且易于被人体吸收。

千奇百态的海洋动物

海洋动物是海洋中异养型生物的总称。海洋是重要的生命支持系统，海洋动物是生物界重要的组成部分。其门类繁多，各门类的形态结构和生理特点有很大差异。微小的有单细胞原生动物，大的长可超过30米、重可超过190吨。从海上至海底，从岸边或潮间带至最深的海沟底，都有海洋动物。海洋中各门类形态结构和生理特点是十分不同的。它们不进行光合作用，不能将无机物合成为有机物，只能以摄食植物、微生物和其他动物及其有机碎屑物质为生，所以总称为异养型生物。

海洋动物现知有16~20万种，它们形态多样，包括微观的单细胞原生动物，高等哺乳动物——蓝鲸等，分布广泛，从赤道到两极海域，从海面到海底深处，从海岸到超深渊的海沟底，都有其代表。海洋动物可分为海洋无脊椎动物、海洋原索动物和海洋脊椎动物3类。

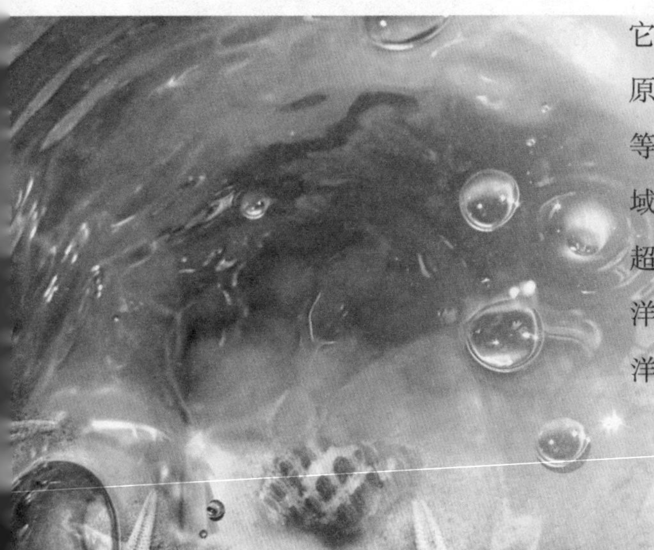

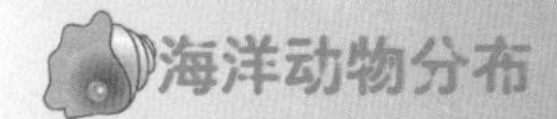

海洋动物分布

海洋的生活条件相对一致，面积广大，动物中除鱼类、鲸类，还有浮游动物和游泳动物，如头足类和水母等。在深海层，仅发现不依赖浮游生物生存的动物。在许多大洋区，海流将营养丰富的深层海水带到浅层，使海洋浅层带增加了鱼类产量。在海底生活的底栖动物，包括固着动物，如海绵、腔肠动物、管沙蚕等和运动动物，如甲壳类、贻贝、各种环节动物、棘皮动物等。珊瑚动物在热带海洋发展最充分，珊瑚礁是由大量造礁动物和植物的白垩质骨骼物质（特别是珊瑚和苔藓虫）沉积而成的，在珊瑚礁环境中动物最密集且最多样化。

海洋生物别具特色的生活习性

（1）沙蚕的群舞

春末或秋初，沙蚕开始了它们特有的繁殖活动——群婚舞会。雌性沙蚕穿上了兰绿色的嫁衣，雄性沙蚕披上了粉红色或乳白色的礼服。有的迎着皓亮圆月起舞（喜光生殖），有的躲在幽静的月下欢聚（避光生殖）。它们在水中翻滚，好似举行节日的舞会，雌雄性分别把大量的卵子和精子排出体外，清澈的海水，立刻变得乳白而混浊。精卵相遇，结合成为新的小生命。

（2）对虾的恋情

对虾，一生中有短暂的恋情。平时，成熟的雄性和丰腴的雌性，文雅往来，决不轻举妄动。当雌性脱壳露肤时，雄性突然察觉了异性的存在，即一反常态，情绪冲动，会柔和地用触角和步足抚摸对方，逼近侧躺的雌性，乘机拥抱。这时，蜕壳后疲倦不堪的雌性，则本能地相偎在雄性的怀里，打开生殖器，接受雄性精英。一夜情之后，就解除夫妻关系，各自生活。

海洋动物划分

按生活方式划分：海洋动物主要有海洋浮游动物、海洋游泳动物和海洋底栖动物三个生态类型。

按分类系统划分：海洋动物共有几十个门类，可分为海洋无脊椎动物和海洋脊椎动物两大类，或分为海洋无脊椎动物、海洋原索动物和海洋脊椎动物三大类。

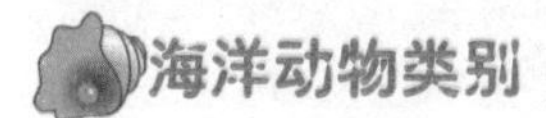

海洋动物类别

（1）海洋哺乳动物

海洋哺乳动物是哺乳类中适于海栖环境的特殊类群，通常被人们称作为海兽。我国现有各种海兽39种。

①兽中之“王”——蓝鲸

蓝鲸是人类已知的世界上最大的动物，全身呈蓝灰色。目前捕到最大蓝鲸的时间是1904年，地点在大西洋的福克兰群岛附近。这条蓝鲸长33.5米，体重195吨，相当于35头大象的重量。它的舌头重约3吨，心脏重700千克，肺重1500千

克，血液总重量约为8～9吨，肠子有半里路长。这样大的躯体只能生活在浩瀚的海洋中。

蓝鲸是地球上首屈一指的巨兽，论个头堪称兽中之“王”。蓝鲸还是绝无仅有的大力士，一头大

型蓝鲸所具有的功率可达1700马力，可以与一辆火车头的力量相匹敌。它能拖拽800马力的机船，甚至在机船倒开的情况下，仍能以每小时4～7海里的速度跑上几个小时。蓝鲸的游泳速度也很快，每小时可达15海里。蓝鲸有一个扁平而宽大的水平尾鳍，这是它前进的原动力，也是上下起伏的升降舵。由前肢演变而来的两个鳍肢，保持着身体的平衡，并协助转换方向，这使它的运动既敏捷又平稳。

②潜水冠军——抹香鲸

抹香鲸头重尾轻，宛如一头巨大的蝌蚪，头部占去全身的三分之一，看上去像个大箱子。鼻孔也很特殊，只有左鼻孔畅通，且位于左

前上方，右鼻孔堵塞。所以，它呼气时喷出的雾柱是以45度角向左前方喷出的。虽然抹香鲸的牙齿很大，足有20多厘米长，每侧有40～50枚，但是只有下颌有牙齿，而上颌只有被下颌牙齿“刺出”的一个个的洞。不过，抹香鲸习性与蓝鲸截然不同。它是非常厉害的，猎物一旦被它咬住就难以脱身。它最喜欢吃的食物是深海乌贼，因此“练就”了一身潜水的好功夫。

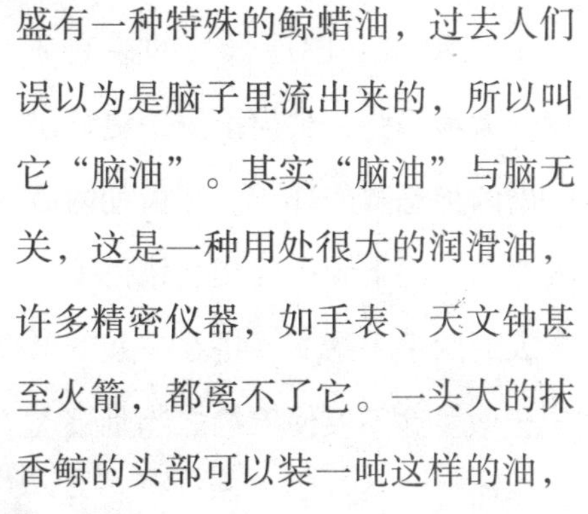

在所有鲸类中，以抹香鲸的潜水为最深，可达2200米。抹香鲸的经济价值很高，巨大的“头箱”中盛有一种特殊的鲸蜡油，过去人们误以为是脑子里流出来的，所以叫它“脑油”。其实“脑油”与脑无关，这是一种用处很大的润滑油，许多精密仪器，如手表、天文钟甚至火箭，都离不了它。一头大的抹香鲸的头部可以装一吨这样的油，著名的龙涎香就是这种鲸肠道里的异物，这是一种极好的保香剂，抹香鲸的名字也是由此而来的。

③横行的暴徒——虎鲸

虎鲸也属于齿鲸

类，它体长近10米，重7～8吨，雌的略小一些，也有6～8米。

虎鲸胆大而狡猾，且残暴贪食，是辽阔海洋里“横行不法的暴徒”。虎鲸的英文名称有杀鲸凶手之意，不少人在海上屡屡目睹虎鲸袭击海豚、海狮以及大型鲸类的惊心动魄的情景。

虎鲸的口很大，上、下颌各有二十几枚10～13厘米长的锐利牙齿，大嘴一张，尖齿毕露，更显出一副凶神恶煞的样子。牙齿朝内后方弯曲，上下颌齿互相交错搭配，与人的两手手指交叉搭在一起的形式相似。这不仅使被擒之物难逃虎口，而且还会撕裂、切割猎物。

虎鲸很好辨认，在它的眼后方有两个卵形的大白斑，远远看去，宛如两只大眼睛。其体侧还有一块向背后方向突出的白色区域，使它独具一格。

虎鲸身体强壮，行动敏捷，游泳迅速，每小时可达30海里。游泳时，雄鲸高达1.8米的背鳍突出于水面上，颇与一种古代武器——“戟”倒竖于海面的形状相似，虎鲸因此而另有“逆戟鲸”和海中之虎的别名。

④海中智叟——海豚

海豚是一种小型齿鲸动物。过去人们常说，在动物界中猴子是最聪明的动物。但事实证明，海豚比猴子还要聪明。有些技艺，猴子要经过几百次训练才能学会，而海豚只需二十几次就能学会。如果用动物的脑占身体重量的百分比来衡量动物的聪明程度，那么海豚仅次于人，而猴子名列第三。

海豚经过训练后，不仅可以表演各种技艺，例如顶球、钻火圈……而且在人的特殊训育下，它们可以充当人的助手，戴上抓取器可以潜至海底打捞沉入海底中的物品，如实验用的火箭、导弹等，或给从事水下作业的人员传递信息和工具，还能进行军事侦察，甚至充当“敢死队”，携带炸药和弹头冲击敌舰或炸毁敌方水下导弹发射装置。

⑤貌似家犬的海豹

在海滨公园的海豹池中，海豹整日游泳戏水生动活泼，实在惹人喜爱。若加以训练，它还会表演玩球等节目。海豹身体浑圆，形如纺锤，体色斑驳，毛被稀疏，皮下脂肪很厚，显得膘肥体胖。两只后脚恒向后伸，犹如潜水员的两只脚蹼。游起泳来，两脚在水中左右摆动，推动身体迅速前进。从海豹的头部看，貌似家犬，因而不少地区称其为海狗。有时它爬到礁石上，这时它的动作就显得格外笨拙，善于游泳的四肢只能起支撑作用。海豹爬行的动作非常有趣，因此常引起观者的哈哈大笑。

海豹的身体不大，仅有1.5~2.0米长，最大的个体重150千克，雌兽略小，重约120千克。在自然条件下，海豹有时在海里游荡，有时上岸休息。上岸时多选择海水涨潮能淹没的内湾沙洲和岸边的岩礁。例如，在我国的辽宁盘山河口及山东庙岛群岛等地都屡见有大群海豹出没。海豹的潜水本领很高，一般可潜到100米左右，在水深的海域还可潜到300米，在水下可持续23分钟。它的游泳速度也很快，一般可达每小时27千米。海豹主要捕食各种鱼类和头足类，有时也吃甲壳类。它的食量很大，一头60~70千克重的海豹，一天要吃7~8千克鱼。

⑥深海打捞员——海狮

海狮吼声如狮，且个别种颈部长有鬃毛，又颇像狮子，故而得名。它的四脚像鳍，很适于在水中游泳。海狮的后脚能向前弯曲，使它既能在陆地上灵活行走，又能像狗那样蹲在地上。而海豹的后肢却是恒向后伸，不能朝前弯曲，故不能在陆地上步行。虽然海狮有时上陆，但海洋才是它真正的家，只有在海里它才能捕到食物、避开敌人，因此一年中的大部分时间，它们都在海上巡游觅食。

海狮主要以鱼类和乌贼等头足类为食。它的食量很大，如身体粗壮的北海狮，在饲养条件下一天喂鱼最多达40千克，一条1.5千克重的大鱼它可一吞而下。若在自然条件下，每天的摄食量要比在饲养条件下增加2至3倍。

海狮也是一种十分聪明的海兽。经人调教之后，能表演顶球、倒立行走以及跳越距水面1.5米高的绳索等技艺。

海狮对人类帮助最大的莫过于替人潜至海底打捞沉入海中的东

西。自古以来，物品沉入海洋就意味着有去无还，可是在科学发达的今天，一些宝贵的试验材料必须找回来，比如从太空返回地球而又溅落于海洋里的人造卫星，以及向海域所做的发射试验的溅落物等。当水深超过一定限度，潜水员也无能为力。可是海狮却有着高超的潜水本领，人们求助它来完成一些潜水任务。例如，美国特种部队中一头训练有素的海狮，在1分钟内将沉入海底的火箭取上来，人们付给它的“报酬”却只是一点乌贼和鱼，这真是一本万利的好生意。

⑦不食肉的海兽——儒艮

在我国广东、广西、台湾等省沿海生活着一种海兽，叫儒艮。它的名字是由马来语直接音译而来的，也有人称它为“南海牛”，它与海牛目的其他动物如海牛的最大区别在于：海牛的尾部呈圆形，而儒艮尾部形状与海豚尾部相似。除我国外，儒艮还分布于印度洋、太平洋周围的一些国家。儒艮被誉为是海洋中的美人鱼。

儒艮是海洋中唯一的草食性哺乳动物，一点也不凶。儒艮以海藻、水草等多汁的水生植物以及含

纤维的灯心草、禾草类为食，但凡水生植物它基本上都能吃。儒艮每天要消耗45千克以上的水生植物，所以它有很大一部分时间用在摄食上。儒艮体长3米左右，体重达400千克左右，行动迟缓，从不远离海岸。它的游泳速度不快，一般每小时2海里左右，即便是在逃跑时，也不过5海里。

儒艮体色灰白，体胖膘肥，油可入药，肉味鲜美，皮可制革。正因为如此，所以屡遭人类杀戮，如不严加保护，它们就有灭顶之灾。因此，儒艮已被列为国家一级保护动物。

（2）海洋爬行动物

海洋爬行动物是体被角质鳞片，在陆上繁殖的变温动物。其中与海洋有关的有海龟类和海蛇类等，目前在中国海域共发现有24种爬行动物。

①海 蛇

海蛇是一类终生生活于海水中的毒蛇。海蛇的鼻孔朝上，有瓣膜可以启闭，吸入空气后，可关闭鼻孔潜入水下达10分钟之久。海蛇身体表面有鳞片包裹，鳞片下面是厚厚的皮肤，可以防止海水渗入和体液的丧失。舌下的盐腺，具有排出随食物进入体内的过量盐分的机

能。小海蛇体长半米，大海蛇可达3米左右。它们栖息于沿岸近海，特别是半咸水河口一带，以鱼类为食。除极少数海蛇产卵外，其余均产仔，为卵胎生。

我国有海蛇19种，广泛分布于广东、广西、福建、台湾、浙江、山东、辽宁等省的沿岸近海。常见的有青环海蛇、平颏海蛇和长吻海蛇。海蛇可供药用，具有祛风止痛、活血通络、滋补强身的功效。

②古老而顽强的海龟

海龟是海洋龟类的总称。生活在我国海洋中的海生龟类有5种（全世界也只有7种），主要分布在西沙群岛和广东省惠东县港口，其次在海南省三亚市郊沿海和陵水县沿海。中国海记录的海龟有棱皮龟、海龟、蠵龟、玳瑁和丽龟等5种，都是国家级保护动物。

海龟是现今海洋世界中躯体最大的爬行动物，其中个体最大的要算是棱皮龟了。它最大体长可达2.5米，体重约1000千克，堪称海龟之王。

海龟的祖先远在2亿多年以前就出现在地球上，古老的海龟和不可一世的恐龙一同经历了一个繁荣昌盛的时期。后来地球几经沧桑巨变，恐龙相继灭绝，海龟也开始衰落。但是，海龟凭借那坚硬的背甲所构成的龟壳的保护战胜了大自然给它们带来的无数次厄运，顽强地生存了下来。海龟步履艰难地走过了2亿多年的漫长历史征程，依然一代又一代地生存和繁衍下来，真可谓是名副其实的古老、顽强而珍贵的动物。

（3）种类繁多的海鱼

鱼类是脊椎动物中最为低级的一个类群。在我国海域里，目前已记录到海洋鱼类3023种，其中软骨鱼类237种、硬骨鱼类2786种，约占我国全部海洋生物种类的1/7左右。因此，海洋鱼类构成了我国海洋水产品的重要基础。

①会爬树的鱼

鱼类在水中生活的主要呼吸器官是鳃。鱼儿离开水，鳃丝干燥，

彼此粘接，停止呼吸，生命也就停止了。然而，在我国沿海生活着一种能够适应两栖生活的弹涂鱼。

弹涂鱼体长10厘米左右，略侧扁，两眼在头部上方，似蛙眼，视野开阔。它的鳃腔很大，鳃盖密封，能贮存大量空气。腔内表皮布满血管网，起呼吸作用。它的皮肤亦布满血管，血液通过极薄的皮肤，能够直接与空气进行气体交换。其尾鳍在水中除起鳍的作用外，还是一种辅助呼吸器官。这些独特的生理现象使它们能够离开水，较长时间在空气中生活此外，弹涂鱼的左右两个腹鳍合并成吸盘状，能吸附于其他物体上。发达的胸鳍呈臂状，很像高等动物的附

肢。遇到敌害时，它的行动速度比人走路还要快。生活在热带地区的弹涂鱼，在低潮时为了捕捉食物，常在海滩上跳来跳去，更喜欢爬到红树的根上面捕捉昆虫吃。因此，人们称之为“会爬树的鱼”。

②神奇的“魔鬼鱼”

“魔鬼鱼”是一种庞大的热带鱼类，学名叫前口蝠鲼。它的个头和力气常使潜水员害怕，因为只要它发起怒来，只需用它那强有力的“双翅”一拍，就会碰断人的骨头，致人于死地，所以人们叫它“魔鬼鱼”。有的时候蝠鲼用它的头鳍把自己挂在小船的锚链上，拖着小船飞快地在海上跑来跑去，使渔民误以为这是“魔鬼”在作怪，实际上是蝠鲼的恶作剧。

“魔鬼鱼”喜欢成群游泳，有时潜栖海底，有时雌雄成双成对升至海面。在繁殖季节，蝠鲼有时用双鳍拍击水面，跃起腾空，能跃出水面，在离水一人多高的上空“滑翔“，落水时，声响犹如打炮，波及数里，非常壮观。

蝠鲼看上去令人生畏，其实它是很温和的，仅以甲壳动物或成群的小鱼小虾为食。在它的头上长着两只肉足，是它的头鳍，头鳍翻着向前突出，可以自由转动，蝠鲼就是用这对头鳍来驱赶食物，并把食物拨入口内吞食。

③能发电和发射电波的鱼

在鱼类王国里有一类是会发电的或会发射无线电波的鱼，它们猎食和御敌的方法是十分巧妙的。

在浩瀚的海洋里生活着会发电的电鳐，它的发电器是由鳃部肌肉变异而来的。在头部的后部和肩部胸鳍内测，左右各有一个卵圆形的

蜂窝状的大发电器。每个发电器官最基本结构是一块块小板——电板（纤维组织），约40个电板上下重叠起来，形成一个个六角形的柱状管，每侧有600个管状物，称为电函管。其内充填有胶质物，故肉眼观察为半透明的乳白色，与周围粉

红色肌肉显然不同。每块电板具有神经末梢的一面为负极，另一面为正极，电流方向由腹方向背方，放电量70伏特～80伏特，有时能达到100伏特，每秒放电150次。人们解剖电鳐时，发现其胃内完整的鳗鱼、比目鱼和鲑鱼，这是电鳐放电把活动力强的鱼击昏然后吞食之。因此，电鳐有“海底电击手”之称。

除电鳐外，刺鳐、星鳐、何氏鳐、中国团扇鳐等均具有较弱的发电器官。瞻星鱼发电器位于眼后，呈卵圆形，发电量可达50伏特，如电鳗。

④会发声的鱼

一般人都以为鱼类全是哑巴，显然这是不对的。许多鱼类会发出各种令人惊奇的声音。例如：康吉

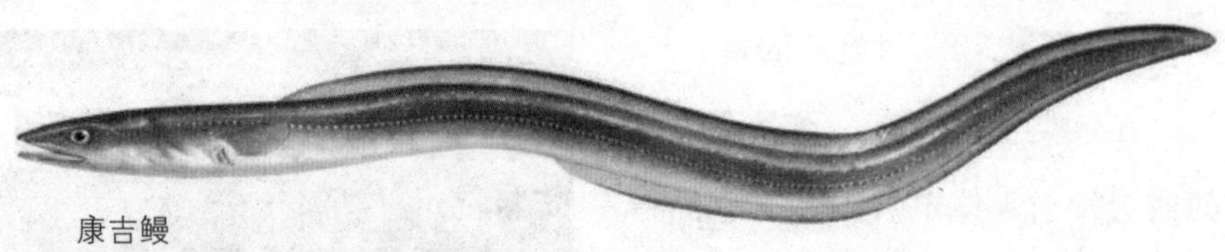

康吉鳗

电 鲶

箱 鲀

鲂 鮄

海 马

鳗会发出“吠”音；电鲶的叫声犹如猫怒；箱鲀能发出犬叫声；鲂鮄的叫声有时像猪叫，有时像呻吟，有时像鼾声；海马会发出打鼓似的单调音。石首鱼类以善叫而闻名，其声音像辗轧声、打鼓声、蜂雀的飞翔声、猫叫声和呼哨声，其叫声在生殖期间特别常见，目的是为了集群。

鱼类发出的声音多数是由骨骼摩擦、鱼鳔收缩引起的，还有的是靠呼吸或肛门排气等发出种种不同声音。有经验的渔民，能够根据鱼类所发出声音的大小来判断鱼群数量的大小，以便下网捕鱼，象鼻鱼也是。

⑤海中霸王——鲨鱼

在浩瀚的海洋里，被称为“海中霸王”的鲨鱼遍布世界各大洋，在中国海就有70多种（全世界约有350种）。大部分鲨鱼对人类有利而无害，只有30多种鲨鱼会无缘无故地袭击人类和船只。鲨鱼的确有吃人的恶名，但并非所有的鲨鱼都吃人。

鲨鱼的鼻孔位于头部腹面口的前方，有的具有口鼻沟，连接在鼻口隅之间，嗅囊的褶皱增加了与外界环境的接触面积。有人测定，1米长的鲨鱼的嗅膜总面积可达4842平方厘米，因此鲨鱼的嗅觉非常灵敏，在几千米之外它就能闻到血腥味，海中的动物一旦受伤，往往会受到鲨鱼的袭击而丧生。

鲨鱼一般只吃活食，有时也吃腐肉，食物以鱼类为主。有人在鼬鲨胃中发现了海豚、水禽、海龟、蟹和各种鱼类等。在噬人鲨胃中曾取出一头非常大的海狮，双髻鲨的食物是鱼和蟹，护士鲨、星鲨的饵料以小鱼、贝类、甲壳类为主。

鲨鱼在寻找食物时，通常一条或几条在水中游弋，一旦发现目标就会快速出击吞食之。特别是在轮船或飞机失事有大量食饵落水时，它们群集而至，处于兴奋狂乱状态的鲨鱼几乎要吃掉所遇到的一切，甚至为争食而相互残杀。

鲨鱼属于软骨鱼类，身上没有鱼鳔，调节沉浮主要靠它很大的肝脏。例如，在南半球发现的一条3.5米长的大白鲨，其肝脏重量达30千克。科学家们的研究表明，鲨鱼的肝脏依靠比一般甘油三酸脂轻得多的二酰基甘油醚的增减来调节浮力。

鲨鱼虽然凶猛，面目可憎，但全身都是宝，是重要的经济鱼类。鲨鱼的肝脏特别大，富含维生素A、D，是制作鱼肝油的重要原料。鲨鱼皮可以制革，其鳍即是海味珍品——鱼翅。鲨鱼还可作药用，据科学家研究发现鲨鱼极少患癌症，即使把最可怕的癌细胞移植到鲨鱼体内，鲨鱼仍安然无恙。因为它的细胞会分泌一种物质，这种物质不仅能抑制癌物质，而且还能使癌物质逆转。

⑥海中鸳鸯——蝴蝶鱼

当人们见到陆地上飞舞的蝴蝶时会赞声不绝，而蝴蝶鱼的美名，就是因为这种鱼犹如美丽的蝴蝶。人们若要在珊瑚礁鱼类中选美的话，那么最富绮丽色彩和引人遐思的当首推蝴蝶鱼了。

蝴蝶鱼谷称热带鱼，是近海暖水性小型珊瑚礁鱼类，最大的可超过30厘米，如细纹蝴蝶鱼。蝴蝶鱼身体侧扁适宜在珊瑚丛中来回穿梭，它们能迅速而敏捷地消逝在珊瑚枝或岩石缝隙里。蝴蝶鱼吻长口小，适宜伸进珊瑚洞穴去捕捉无脊椎动物。

蝴蝶鱼生活在五光十色的珊瑚礁礁盘中，具有一系列适应环境的本领，其艳丽的体色可随周围环境的改变而改变。蝴蝶鱼的体表有大量色素细胞，在神经系统的控制下，可以展开或收缩，从而使体表呈现不同的色彩。通常一尾蝴蝶鱼改变一次体色要几分钟，而有的仅需几秒钟。

许多蝶蝴鱼有极巧妙的伪装，它们常把自己真正的眼睛藏在穿过头部的黑色条纹之中，而在尾柄处或背鳍后留有一个非常醒目的“伪眼”，常使捕食者误认为是其头部而受到迷惑。当敌害向其“伪眼”袭击时，蝴蝶鱼剑鳍疾摆，逃之夭夭。

蝴蝶鱼对爱情忠贞专一，大部分都成双入对，好似陆生鸳鸯，它们成双成

对地在珊瑚礁中游弋、戏耍，总是形影不离。当一尾进行摄食时，另一尾就在其周围警戒。蝴蝶鱼由于体色艳丽，深受我国观赏鱼爱好的青睐，它们在沿海各地的水族馆中被大量饲养。

⑦珊瑚鱼的色彩与求生的伪装

美丽的珊瑚礁吸引着众多的海洋动物竞相在这里落户。据科学们估计，一个珊瑚礁可以养育四百种鱼类。在弱肉强食的复杂海洋环境中，珊瑚鱼的变色与伪装，目的是为了使自己的体色与周围环境相似，达到与周围物体乱真的地步，在亿万种生物的顽强竞争中，赢得了自己生存的一席之地。

刺盖鱼俗称神仙鱼，是珊瑚鱼中最华丽的鱼。因为它们生活在比蝴蝶鱼更琛而且较暗的环境中，故需展现出更加鲜明的色彩。它们中的许多鱼，在幼鱼的变态发育过程中，幼鱼与成鱼形态和色彩截然不同，同一种鱼往往容易被误认为是两种鱼。

刺盖鱼

甲尻鱼的身体呈土黄色，体侧有八条具有黑色边缘的蓝紫色横带，好似陆生之斑马，俗称斑马鱼。另一种神仙鱼，身上的花纹好似小虫蛀成，黑色粗纹把眼睛巧妙伪装起来，若不仔细看，很难发现它是一条鱼。

甲尻鱼

石斑鱼不喜欢远游，它们喜欢栖息在珊瑚礁的岩洞或珊瑚枝头下面。它们是化妆高手，可以有八种体色变化，往往顷刻之间便可判若两鱼。它们具有与环境相配合的斑点和彩带，在洞隙中静观动静，遇有可食之物，便迅游而出捕捉之。

石斑鱼

淡抹粉装的粗皮鲷，它们大都以海藻为生，体色与海藻颜色相

粗皮鲷

似，身体的尾柄处长着一块突起的骨状物，像把手术刀，这是它们求生的武器，常用其尾鞭挞敌人，使敌害受到严重创伤。

在珊瑚礁的海藻丛中常生活着一种躄鱼，它形成保护色和拟态，其体色和体态都与周围的海藻色相似，将身体全部隐藏在海藻丛中，只露出由第一背鳍演变成的吻触手，触手端部长穗状，形似“钓饵”，用以引诱小鱼小虾。

有美就有丑，在珊瑚礁中有一种看了令人生畏的玫瑰毒鲉，其长相丑陋，体色灰暗，间有红色斑点。它常隐伏于珊瑚礁或海藻丛中，活像海底的一块礁石或一团海藻，小鱼小虾游近身边，被其背棘、头棘刺中，便会立即死亡，成

为其果腹之物。它是最剧毒的毒鲉，人被其刺伤，若不及时抢救，4个小时之内亦会死亡。

生活在海藻丛中的叶海马，身上长有各种类似海藻的叶片状突起，若不仔细观察，你还会认为这是一片海藻呢！

生活在热带红树林之间的蝙蝠鱼，往往像一片红树叶，常懒洋洋地在水中漂浮或装死，人们误以为是一片红树叶，但只要你一动它，它便迅速地游走了。

在礁盘上的小丑鱼，常与大海葵共栖，色彩艳丽的小丑鱼常外出引来其他小鱼小虾，这些小鱼小虾被大海葵触手中的刺细胞刺中便被麻痹，进而被卷入口中吞食。一旦遇险，小丑鱼便钻入大海葵的触手丛中，成为理想的防空洞而受到保护。

⑧伪装天王——章鱼

章鱼或许是珊瑚礁中最善于表演的居民，且它们非常富有个性。章鱼有八只手臂，手臂下有很多吸盘，这些吸盘可以根据需要合起或分开。大部分章鱼都在岩礁碎石里建造特有的房屋，用珊瑚和岩石碎片在出口处打桩。但一些泥居种类也打海底洞穴，许多洞穴门口都配有哨兵海胆，它或许是来帮助阻止入侵者的。一般洞穴都有一个秘密后门，被威胁或被打扰的章鱼可以从此逃脱。

章鱼是领地性动物，除非它们被频繁地打扰，否则，它们总是要返回自己的家。它们偏爱夜间活动，但假如处所不被打扰，或潜水员要它们在岩礁上出现时，它们白天也可以被看到。章鱼鹦鹉般的喙可以给人以恶毒的一咬，它对人类使用防护武器完全是人类故意挑衅的直接结果。一般来说，礁岩章鱼的一咬非常恶毒，它唾液上的化学物质会使人极度疼痛。

一些章鱼是有毒的，具有讽刺意义的是，最小的一种章鱼也是最致命的一种。澳大利亚水域里的一种蓝环章鱼一咬能杀死一个人，且无法抢救。它只有巴掌大，带棕色和黄色条纹，彩虹般的

紫色和蓝色条纹在章鱼痛苦和兴奋时闪亮亮地放大和震动。

章鱼大多在微暗的光线中猎食。常常吃惊地看到章鱼在黄昏和黎明时分偷偷溜过岩礁潜水，然后弹起和放下它们的触手捕捉猎物。连接触手的皮肤很像捕获食物的伞，猎物被陷进去并被咬死，然后，章鱼将它们细细地一点一点吃掉。

许多腹足纲的软体动物的壳上都有一个小洞，结果章鱼在靠近螺层的洞里注入毒液以毒死猎物，之后猎物被捉下来吃掉。

曾经有鳗鱼袭击章鱼的震惊场面。一条鳗鱼在未被注意的时候，以无法描述的速度冲出洞穴咬住章鱼。被咬的章鱼开始翻滚，企图找到一个落足点来阻止被撕成碎片或整个吞下。鳗鱼通过在章鱼身上打结来反击。它把尾巴弯起来插入章鱼，然后，以平滑的移动朝自己的中心部分缠绕打结，开始进行一个紧紧撕扯式的袭击。当鳗鱼频繁地撕扯章鱼的几个触手时，章鱼勇敢地挣扎以求逃生。它用一条拉直的触手粘在岩石上，然后投出其他的触手缠绕在鳗鱼的头上，最后，它尝试着盖上章鱼的眼睛，然后坚决不松手。因为看不见，鳗鱼无效的乱拍，它的嗅觉因章鱼的放出物和章鱼挣扎时掀起的沙质物质的障碍而失灵。它放弃了一小会儿，但这对章鱼来说已经足够了。章鱼喷出墨水烟雾后迅速逃脱。战斗极短，一场残忍的暴力只持续了几分钟。最后，章鱼失去了两个触手，

但活了下来，两只触手以后还可以再生。

当观察这些迷人的生物时，潜水员们总是要警惕它们的一些不寻常的行为。当走出礁石后，章鱼通过显示快速的呼吸，变幻的颜色波纹和肉欲般的抚摸来进行一场精心策划的交配仪式。在进行前和进行过程中，雌性会突然地发光和颜色变成纯白，同时雄性会突然变暗。

在繁殖期间，雄章鱼用一个灵活的手臂来传输精子，放入雌性的口袋里。通常情况下，当礁岩危险时，雌性会聪明的选择呆在它的“居室”里，让贪欲的雄性呆在外边来冒所有的风险。当它担着精子的触手到达雌性时，雄性相对地无助、紧张和不舒服。然而，它乐意冒这种风险。雌章鱼会储存、使用或放弃这些精子，取决于它判断是否有机会来找到更称心如意的情人。最后，雌章鱼在它早已清理干净的洞穴的上方表面下了一串串的卵，守卫和保护着这些可爱的小生命，从不吃喝或离开它的穴，直到小章鱼孵化。这些小少年们随后四散开来，在礁岩上找到合适的家。这些后代们，个体只有手指甲盖大，已经开始拥有和使用他们父母的伪装诡计了。一些种类中，雌性在宝宝孵化后就死去了，一些雄性在交配后也很快死去。

章鱼的生命周期很短，大约一年到三年。它的主要敌人是大鱼、海鳗、鲨鱼和海豚。为对付这些掠食者，保护自己，它会使用下述之一的逃跑计策：溜进裂缝、与礁岩融化在一起（变成和礁岩一样的颜色）和将自己埋在沙里。最后的求生手段，就是像其他的头足类一样，放出墨汁逃脱，但它们使用这种计策是以特殊的方式。在做之前，章鱼变得非常暗，然后排出墨汁几乎同时变得苍白。这种计策扰乱了掠食者，黑水分散了它的注意力，使章鱼有足够的时间逃脱，或是飞快地射出，或是吞没在它逃去的表面。当它在洞穴里时，几乎不可能去袭击。章鱼将从它的虹管里发出很强的水柱，给最难缠的掠食者一个惊吓，或卷起它的手臂堵在门口，坚硬的吸盘向外放置，通常甚至握着石头。

尽管不是所有的章鱼都愿意将它靠近人的身体，重要的是永远不要用力去撕扯它带吸盘的触手。假如这种情形发生的话，不仅惊吓和激怒了这种动物，同时一会儿功夫，人的皮肤表面将落下一些青肿伤痕。假如只是放松和等待，章鱼将释放所有的吸盘并且逃脱。

⑨会发光的鱼

在海洋世界里，无论是广袤无际的海面，还是万米深渊的海底都生活着形形色色、光怪陆离的发光生物，宛如一座奇妙的“海底龙宫”，整夜鱼灯虾火通明。正是它们给没有阳光的深海和黑夜笼罩的海面带来光明。事实上，在黑暗层至少有44％的鱼类具备自身发光的本领，以便在长夜里能够看见其他物体，方便捕食，寻找同伴和配偶。有些鱼类发光，例如我国东南沿海的带鱼和龙头鱼是由身上附着的发光细菌所发出的光，而更多的鱼类发光则是由鱼本身的发光器官所发出的光。

烛光鱼其腹部和腹侧有多行发光器，犹如一排排的蜡烛，故名烛光鱼。深海的光头鱼头部背面扁平，被一对很大的发光器所覆盖，该大型发光器可能就起视觉的作用。

鱼类发光是由一种特殊酶的催化作用而引起的生化反应。发光的萤光素受到萤光酶的催化作用，萤光素吸收能量，变成氧化萤光素，释放出光子而发出光来。这是化学发光的特殊例子，即只发光不发热。有的鱼能发射白光和蓝光，另一些鱼能发射红、黄、绿和鬼火般的微光，还有些鱼能同时发出几种不同颜色的光。例如，深海的一种鱼具有大的发光颊器官，能发出蓝光和淡红光，而遍布全身的其他微小发光点则发出黄光。

鱼类发光的生物学意义有四点：一是诱捕食物，二是吸引异性，三是种群联系，四是迷惑敌人。

⑩形态奇特的翻车鱼

翻车鱼长得很离奇，它体短而侧扁，背鳍和臀鳍相对而且很高，尾鳍很短，看上去好像被人用刀切

去一样。因此，它的普通名称也叫头鱼。

翻车鱼游泳速度缓慢。它生活在热带海中，身体周围常常附着许多发光动物。它一游动，身上的发光动物便会发出明亮的光，远远看去像一轮明月，故又有“月亮鱼”之美名。翻车鱼这种头重脚轻的体型很适宜潜水，它常常潜到深海捕捉深海鱼虾为食。

翻车鱼既笨拙又不善游泳，常常被海洋中其他鱼类、海兽吃掉。而它不致灭绝的原因是所具有的强大的生殖力，一条雌鱼一次可产三亿个卵，在海洋中堪称是最会生孩子的鱼妈妈了。翻车鱼遍布世界各大洋，我国沿海有三种翻车鱼，即长翻车鱼、黄尾翻车鱼、矛尾翻车鱼。

（4）顶盔戴甲的节肢动物

节肢动物是动物中最大的一个门类，在目前已知的100多万种动物中，它约占85%。该门类动物的身体分为头、胸、腹三部分，附肢分节，故名节肢动物。目前，在中国海共记录节肢动物4362种，约占中国海全部海洋生物种的五分之一。

①节肢动物中的活化石——鲎

鲎的长相既像虾又像蟹，人称之为“马蹄蟹”，是一类与三叶虫（现在只有化石）一样古老的动物。

鲎的祖先出现在地质历史时期古生代的泥盆纪，当时恐龙尚未崛起，原始鱼类刚刚问世。随着时间的推移，与它同时代的动物或者进化、或者灭绝，而唯独只有鲎从4亿多年前问世至今仍保留其原始而古老的相貌，所以鲎有“活化石”之称。

每当春夏季鲎的繁殖季节，雌雄一旦结为夫妻，便形影不离，肥大的雌鲎常驮着瘦小的丈夫蹒跚而行。此时捉到一只鲎，提起来便是一对，故鲎享“海底鸳鸯”之美称。

鲎有四只眼睛，头胸甲前端有0.5毫米的两只小眼睛，小眼睛对紫外光最敏感，说明这对眼睛只用来感知亮度。在鲎的头胸甲两侧有一对大复眼，每只眼睛是由若干个小眼睛组成。人们发现鲎的复眼有一种侧抑制现象，也就是能使物体的图像更加清晰，这一原理被应用于电视和雷达系统中，提高了电视成像的清晰度和雷达的显示灵敏度。为此，这种亿万年默默无闻的古老动物一跃而成为近代仿生学中一颗引人瞩目的“明星”。

鲎的血液中含有铜离子，它的血液是蓝色的。这种蓝色血液的提取物——“鲎试剂”，可以准确、快速地检测人体内部组织是否因细菌感染而致病；在制药和食品工业中，可用它对毒素污染进行监测。此外，鲎的肉、卵均可食用。

②肉味鲜美和擅长伪装的虾蟹

虾蟹是节肢动物的另一家族，同属于甲壳纲的十足目。这类动物与人类有着十分密切的关系，有些是主要的水产养殖或捕捞对象，其中尤以虾、龙虾和蟹等，在我国海洋渔业捕获物中产量相当大，特别是对虾、毛虾、梭子蟹等，营养丰富，产值很高，地位更为重要。我国的虾蟹种类非常多，通过大量的调查研究，目前已发现的约有1000多种，其中虾类400多种，蟹类600多种。

对虾是我国沿海的重要虾类，因它主要产于黄海、渤海，是黄海、渤海的海鲜特产，所以被人们视为“黄海、渤海的珍品”。生活

在我国南海的斑节对虾，大的个体一个就有0.5千克重。体长达40厘米左右的龙虾，个体通常重1～1.5千克，大的可达3～4千克，最大的可达5千克，堪称“虾中之王”。

生活在我国海洋里的蟹的种类也特别多，有肉细味美的梭子蟹，有行走如飞的沙蟹，有能上树的椰子蟹，还有背甲沟纹似关公脸谱的关公蟹等。但是，蟹中之王却是生活在日本海和白令海的高脚蟹。

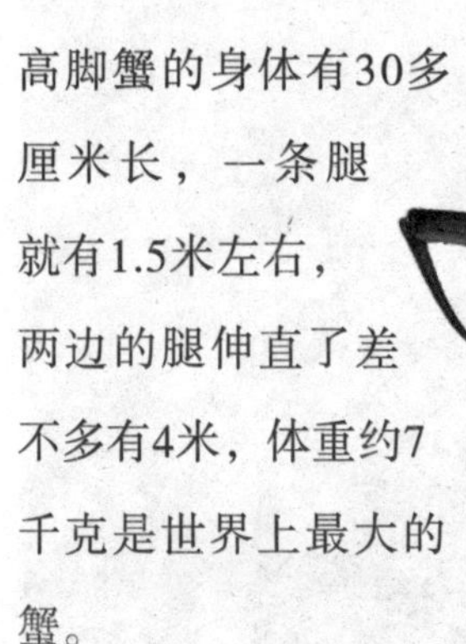

高脚蟹的身体有30多厘米长，一条腿就有1.5米左右，两边的腿伸直了差不多有4米，体重约7千克是世界上最大的蟹。

青蟹学名锯缘青蟹，它体扁椭圆形，分头、胸和腹部，背腹两面有甲壳，背甲是青绿色，胸部呈灰白色，腹盖其上，侧缘锯齿状，有5对胸足。我国广东、广西、福建、浙江、台湾等省沿海均有青蟹分布，它具有生长快、适应性强的特点，是我国出口创汇的水产品之一。

青蟹为雌雄异体（雌性腹部为圆形，雄性腹部为长形），每年春末夏初或夏末秋初为它的交配季节。交配后雌蟹经一个月后，在海湾的外围产卵，一次可产几百万颗，附于腹部的附肢上发育，再回到近岸浅海中孵化，经多次蜕壳

变形，才成长为幼蟹。蜕壳是幼蟹生长的重要标志，一生蜕壳13至14次，多在清晨或夜间进行。

青蟹有5对胸足，胸足是爬行、游泳和捕食的主要器官。第一对胸足很发达，末端似钳，叫螯足，用以捕食。若遇敌害，进行博斗，若斗不赢对方，即自动断足逃命，蜕壳时再生。第二对至第四对胸足，尖如爪，叫步足，用以爬行。第五对胸足，扁平如桨，叫游泳足，用以游泳。青蟹喜欢在泥质或泥沙质浅海滩涂中生活，白天静伏，夜间频繁活动，以鱼虾蛤螺和腐烂的动物尸体为食，生长水温为15℃～25℃。

青蟹为我国著名食用蟹，营养丰富。特别是维生素A高达5000以上国际单位，是对虾的16倍多。中秋至冬初，其卵、肝脏、螯足及肌肉很丰满、鲜嫩。

人们只知道虾、蟹的肉味鲜美，而对它的甲壳却弃而不用，这是一种极大的浪费。要知道，从虾、蟹的甲壳中能提取许多有用的东西。例如，用虾、蟹的壳可以制成很好的纺织品浆料，这种用“虾皮蟹盖”制成的浆料，颜色鲜明，不易被水洗掉，而且成本低，可以节约大量面粉。此外，还可以从富含几丁质的甲壳中提取用途广泛的几丁胺。几丁胺具有吸附作用，是

净化水质的一种沉降吸附剂。几丁胺还可以制成医用手术缝合线，这种缝合线具有不会感染，能够被人体吸收而不用拆线等优点。

在海边潮间带常可抓到一种头胸甲好似京戏中关公脸谱的蟹，名为关公蟹。关公蟹常用足抓住石块或树叶，把自己身体遮盖住以便把自己巧妙地伪装起来而避开敌害。

蜘蛛蟹长相丑陋，为何在头胸甲上或大螯上戴上几朵艳丽的鲜花？不，那不是花，那是海葵，俗称“海菊花”。蜘蛛蟹靠触手上有毒的海葵来保护自己，以避敌害，同时也可美化自己丑陋的身躯。

背腹扁平、全身披盔戴甲的虾蛄，色彩斑斓，十分好看，长着一

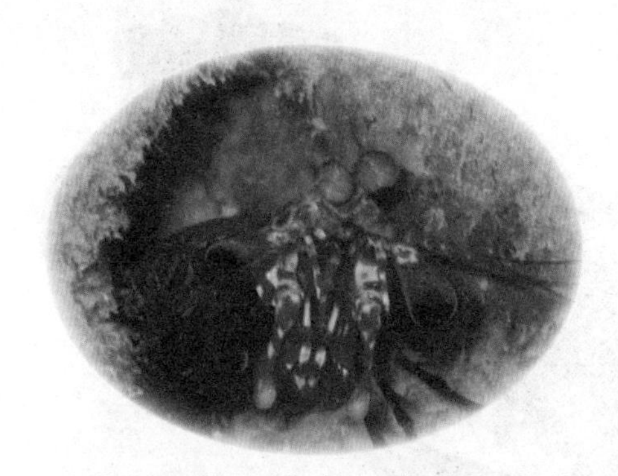

对酷似螳螂的大螯，俗称“螳螂虾”。见到深夜在静静的海底观察动静、伺机捕食的虾蛄，就会使人联想起静伏山岗、只待一跃而起的狮虎。虾蛄平时喜欢穴居于泥沙质的浅海底，常只露出头用来观察敌情，一旦猎物靠近便伸出双钳，迅速出击，只听“喀嚓”一声便可将猎物一分为二，显示了虾蛄凶狠、残暴的面貌。它不仅善于“力擒”，而且懂得“智取”，它往往把自己的洞穴变成一个隐蔽的场所，甚至不辞劳苦，从远处搬来沙、石在自己居住的沙穴旁筑起几条回旋的通道，一旦海底动物闯进犹如陷进迷宫，自投罗网。

③体色变换的招潮蟹

当我们来到海边的时候，可能会遇到一种奇怪的小蟹。蟹体的两只螯长得很不对称，一只又粗又大，另一只又细又小。每当潮水退落，它便爬出洞穴，在露出水面的海滩上来回奔跑觅食。每当潮水滚滚上涨，快要淹没它的老巢时，它又躲进洞里，在洞口高举着那只粗壮有力的大螯，好像在招手示意，欢迎潮水的到来，所以人们称它为“招潮蟹”。这种蟹的体色能昼夜变化。白天，它是黑色的，如果在显微镜下观察，可以看到它细胞里的色素向四处扩散，犹如撑开的大黑伞一样。到了夜间，色素颗粒收缩成一团于是体色变浅，成为青灰色。

④附着力强的藤壶

当我们在海滨漫步时，就会看到岩石上一簇簇灰白色、有石灰质外壳的小动物，这些小动物是节肢动物大家族中又一分支，叫藤壶。藤壶的形状有点像马的牙齿，所以生活在海边的人们常叫它“马牙”。藤壶不但附着在礁石上，而且还能固着在船体上，任凭惊涛骇浪的打击也冲刷不掉。

它们为什么能牢牢地附着在岩礁和船体上呢？这是因为藤壶在每一次蜕皮之后，就要分泌一圈粘性的藤壶初生胶，这种胶含有多种生化成分和极强的粘着力。目前，藤壶的这种奇特胶着力已引起人们的关注。一旦开发成功，这种“藤壶”粘合剂，将在水下抢险补漏工作中大显威力。

（5）五光十色的软体动物

在海底世界里，有一种会给自己造“房子”的动物，它们能从自己的身体里分泌出石灰质，作为建筑材料来建造“房子”，用做自己的栖身之地，这些动物就是贝类。因为它们的身体柔软，所以归属于软体动物。它们建造的“房子”就是那些五光十色的贝壳。软体动物门的种类非常多，在动物界中是仅次于节肢动物门的第二大门。共分为7个纲，即无板纲、单板纲、多板纲、双壳纲、腹足纲、掘足纲和头足纲。除无板纲和单板纲之外，其余5个纲的种类在中国海都有分布。目前，在中国海共记录到各类软体动物2557种，约占我国海域全部海洋生物种的八分之一以上。

①石鳖

石鳖属于多板纲中原始类型的贝类，它们的颜色和岩石一样，形状有点像陆地上的潮虫。别的贝类身体外面不是有一个就是有两个贝壳，而在石鳖的身体背面，却生长着覆瓦状排列的、由8个石灰质壳片形成的一组贝壳。在这些贝壳的周围，外套膜的表面还生有许多小鳞片、小针骨、角质毛等。因此，它的背部就像是一个全身披甲的武士，别的动物很难去侵犯它。

石鳖的种类很多，世界各地的海洋里都有分布，通常生活在海水盐度正常的岩礁海岸或盐度较高的大洋底部。

石鳖的身体一般很小，我国常见的种类其身体的长度约2～3厘米。由于石鳖是贝类中的原始类型，所以在科学研究上具有一定的意义。

②蛏蛏

在沿海的泥滩上，生活着一种双壳类，叫作“蛏蛏”。它喜欢生活在有淡水流入的河口附近，是我国沿海常见的一种软体动物。

蛏蛏的肉很好吃，并且价格也很便宜，所以是一种大众化的海产食品。在我国沿海，尤其是浙江和福建两省，都用人工方法养殖它。因为是在软泥滩上生活，所以蛏蛏的两个贝壳很薄也很脆。贝壳的形状近乎长方形，表面常生长一层浅绿色的薄皮。

蛏蛏的两个水管很发达，它完全靠着这两个水管与滩面上的海水保持联系，从入水管吸进食物和新鲜海水，从排水管排出废物和污水。蛏蛏在软泥滩上挖穴生活，潜伏的深度随季节而不同：夏季温暖，潜伏较浅；冬季寒冷，潜伏较深。平时潜伏的深度大约为体长的5至6倍，最深可以达到40厘米，约为体长的10倍。如果我们在海滩上看到相距不远的两个小孔，用长钩触动一下能喷出少许海水来，那么底下一定有蛏蛏。这两个小孔就是蛏蛏两个水管伸出的地方。蛏蛏的大小可以从两个小孔之间的距离推算出来，其体长约为两孔距离的2.5至3倍。

③海中之兔——海兔

海兔耸起两只耳朵，外形像兔子，只是没有毛而已。它属于软体动物，腹足类。日本人称它“雨虎”。

海兔头上长着两对分工明确的触角，前面一对稍短，专管触觉；后一对稍长，专管嗅觉。海兔在海底爬行时，后面那对触角分开成“八”字形、向前斜伸着，嗅四周的气味，休息时这对触角立刻并拢，笔直向上，真像兔子的两只耳朵呢！

海兔的种类很多，常见的有“黑指纹海兔”“蓝斑背肛海兔”“斑似海兔”。海兔的足相当宽，足叶两侧发达，足的后侧向背部延伸。平时，海兔用足在海滩或水下爬行，并借足的运动作短距离游泳。

海兔的贝壳已退化了，仅剩下遍体透明的角质层，而且大部埋在外套膜内，从外面根本看不出来。

海兔多生活在浅海，它特别爱在清澈流动、有海藻生长的海湾中活动，它们主要以海藻为食，也吃小型的甲壳类。海兔吃了某种海藻以后，它的体色会变得跟这海藻的颜色一样。如有一种海兔幼时吃了红藻，体色变成玫瑰色，十分鲜艳。而长大后这些海兔，不吃红藻，去吃海带，体色从玫瑰色变成了海带的褐色了。有的海兔吃了墨角藻，身体变成棕绿色了，因为墨角藻是棕绿色的。

海兔随食物变化，保持与周围环境的色彩接近，也成了它的保护色，有利于它的生存。海兔除了利用保护色保护自己外，还有一种防御“敌害”的措施，就是体内有两种腺体：一种叫“紫色腺”，储存在外套膜边缘的下面。如果“敌害”碰到外套膜的边缘，紫色腺就分泌出大量的紫色液体，将周围的海水都染紫了，海兔借此颜色作为掩护，逃之夭夭。另有一种“蛋白腺”，内含毒性，当它受到外界刺激时，蛋白腺内分泌出带酸性的乳状汁液。这种汁液有一种难闻的味道，对方如果接触到这种液汁会中毒而受伤，甚至死去。所以敌害闻到这种气味，就远远避开。

海兔是雌雄同体的，也就是一只海兔的身上有雌雄两种性器官。如果仅有两只海兔相遇，其中一只海兔的雄性器官会与另一只海兔的雌性器官交配。间隔一段时期，彼此交换性器官再进行交配。可是这种情况并不常见，通常总是几个甚至十几个海兔联体、成串地交合：最前的第一个海兔的雌性器与第二个海兔的雄性器官交合，而第二个海兔的雌性器官又与第三个的雄性器官交合，如此一个挨着一个与一前后不同的性器官交合。它们交合常常持续数小时，甚至数天之久。交配之后即产卵，产出的卵子，卵与卵之间相互以蛋白腺分泌的胶状物，黏成细长如绳索状一长条，有的可达几百米。有人以18米长的卵索带统计，竟含有108 000个卵。海兔产卵甚多，但孵出的极少，因为都被其他动物吞食掉了。海兔的卵索外表看去如粉丝，当地群众叫它们为“海粉丝”。孵出的海兔，经2至3个月后发育成成体。

海兔分布于世界暖海区域，我国暖海区也有出产，福建、广东沿海渔民进行人工养殖。海兔可食，海粉丝内含蛋白质32%，脂肪9%，另含无机盐和维生素，与海兔肉一样味美可食；海粉丝还具有消炎退热、润肺、滋阴的功效。《本草纲目拾遗》载：能治赤痢、风痰。民间验方，以海粉丝放置水中浸泡，加冰糖炖服，能治发烧、咳嗽，并治鼻衄等疾病。

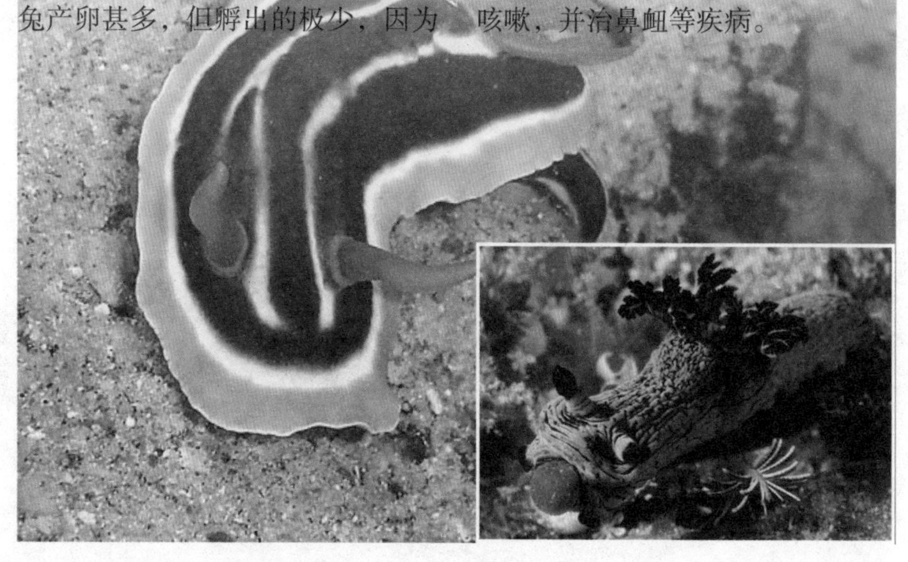

（6）五花八门的棘皮动物

人们在海边的岩礁、海藻间漫步的时候，可以见到一些海滨动物，如海星、海胆、海参等。这些动物的身体表面都长有许多长短不一的棘状突起，所以这些动物又叫作棘皮动物。

棘皮动物的身体构造比较有意思，都呈辐射对称，主要是五辐射对称。棘皮动物全部为海产，在陆地和淡水中绝对找不到它们的踪影。到目前为止，共记录到棘皮动物约600种。下面介绍一下海星、海胆、海参。

①分身有术的海星

海星是棘皮动物门的一纲，下分海燕和海盘车两科，不过人们都俗称其为海星或“星鱼”。

海星与海参、海胆同属棘皮动物。它们通常有五个腕但也有四六个，有的多达40个腕，在这些腕下侧并排长有4列密密的管足。用管足既能捕获猎物，又能让自己攀附岩礁，大个的海星有好几千管足。海星的嘴在其身体下侧中部，可与海星爬过的物体表面直接接触。海星的体型大小不一，小到2.5厘米、大到90厘米，体色也不尽相同，几乎每只都有差别，最多的颜色有桔黄色、红色、紫色、黄色和青色等。

海星主要分布于世界各地的浅海底沙地或礁石上，它对我们并不陌生。然而，我们对它的生态却了解甚少。

海星看上去不像是动物，而

且从其外观和缓慢的动作来看，很难想象出，海星竟是一种贪婪的食肉动物，它对海洋生态系统和生物进化还起着非同凡响的重要作用。这也就是它为何在世界上广泛分布的原因。

人们一般都会认为鲨鱼是海洋中凶残的食肉动物，而有谁能想到栖息于海底沙地或礁石上，平时一动不动的海星，却也是食肉动物呢？不过实际上就是这样。由于海星的活动不能像鲨鱼那般灵活、迅猛，故而它的主要捕食对象是一些行动较迟缓的海洋动物，如贝类、海胆、螃蟹和海葵等。它捕食时常采取缓慢迂回的策略，慢慢接近猎物，用腕上的管足捉住猎物并将整个身体包住它，将胃袋从口中吐出，利用消化酶让猎获物在其体外溶解并被其吸收。

我们已知海星是海洋食物链中不可缺少的一个环节。它的捕食起着保持生物群平衡的作用，如在美国西海岸有一种文棘海星时常捕食密密麻麻地依附于礁石上的海虹（淡菜）。这样便可以防止海虹的过量繁殖，避免海虹侵犯其他生物的领地，以达到保持生物群平衡的作用。在全世界有大约2000种海星分布于从海间带到海底的广阔领域，其中以从阿拉斯加到加利福尼亚的东北部太平洋水域分布的种类最多。

在自然界的食物链中，捕食者与被捕食者之间常常展开生与死的较量。为了逃脱海星的捕食，被捕食动物几乎都能做出逃避反应。有一种大海参，每当海星触碰到它时，它便会猛烈地在水中翻滚，趁还未被海星牢牢抓住之前逃之夭夭。扇贝躲避海星的技巧也较独特，当海星靠近它时，扇贝便会一张一合地迅速游走。有种小海葵每当海星接近它时，它便从攀附的礁石上脱离，随波逐流，漂流到安全之地。这些动物的逃避能力是从长期进化中产生的，这样就避免了被大自然淘汰的命运。

海星的食物是贝类。当海星想吃贻贝时，会先用有力的吸盘将贝壳打开，然后将胃由嘴里伸出来，吃掉贻贝的身体。所以，海星的经济价值并不大，只能晒干制粉作农肥。由于它捕食贝类，故而对贝类养殖业十分有害。

海星是生活在大海中的一种棘皮动物，它们有很强的繁殖能力。全世界大概有1500种海星，大部分的海星，是通过体外受精繁殖的，不需要交配。雄性海星的每个腕上都有一对睾丸，它们将大量精子排到水中，雌性也同样通过长在腕两侧的卵巢排出成千上万的卵子。精子和卵子在水中相遇，完成受精，形成新的生命。从受精的卵子中生出幼体，也就是小海星。

有研究者发现，一些海星具有季节性配对的习性，即雄性海星趴在雌性海星之上，五只腕相互交错。这种行为被认为与生殖有关，但其真正的功能则尚未被确认。

另外，海星还有一种特殊的能力——再生。海星的腕、体盘受损或自切后，都能够自然再生。海星的任何一个部位都可以重新生成一

个新的海星。因此，某些种类的海星通过这种超强的再生方式演变出了无性繁殖的能力，它们就更不需要交配了。不过大多数海星通常不会进行无性繁殖。

②全身都是刺的海胆

海胆是棘皮动物家族中的另一成员，它长着一个圆圆的石灰质硬壳，全身武装着硬刺。对居住在海底的“居民”来说，它是难以侵犯的，没有哪个莽撞的家伙敢去碰它。在我国南方，大都在春末夏初开始捕捞海胆，北方的大连紫海胆则是在夏秋两季采集。这时的海胆里面包着一腔橙黄色的卵，卵在硬壳里排列得像个五角星。海胆的卵是一种特殊风味的佳肴，光棘球海胆、紫海胆的卵块是名贵的海珍品。在我国山东半岛北部沿海，如龙口、蓬莱、威海、长岛等地用海胆卵制成的“海胆酱”行销中外。

然而，并不是所有的海胆都可以吃，有不少种类是有毒的，这些海胆看上去要比无毒的海胆漂亮得多。例如，生长在南海珊瑚礁间的环刺海胆，它的粗刺上有黑白条纹，细刺为黄色。幼小的环刺海胆的刺上有白色、绿色的彩带，闪闪发光，在细刺的尖端生长着一个倒钩，它一旦刺进皮肤，毒汁就会注入人体，细刺也就断在皮肉中，使皮肤局部红肿疼痛，有的甚至出现心跳加快、全身痉挛等中毒症状。

③海中珍品——海参

在海藻繁茂的海底，生活着一种像黄瓜一样的动物，它们披着褐色或苍绿色的外衣，身上长着许多突出的肉刺，这就是海中的“人参”——海参。海参是棘皮动物中名贵的海珍品。在中国海有20多种食用海参，有些价格昂贵，如刺参、梅花参、乌皱辐肛参等。

在我国山东半岛和辽东半岛沿海，在海水稳静的海湾3～15米深的岩礁或细泥沙的海底，生活着一种身体背部布满大大小小的圆锥状肉刺的海参，名叫刺参。刺参是海参中最为名贵的一种。它很怕热，每当夏季来临、海水温度升高时，它便爬到深水里，伏在礁石附近，不吃也不动，开始了“夏眠”，一直睡到仲秋季节才开始活动，这一觉足足要睡3个多月！待到秋高气爽、水温渐凉时，刺参便爬到浅水中，边爬边用树枝状的触手抓起海底含有丰富有机物质的泥沙，吞噬下去。夹在泥沙中的有机物质被消

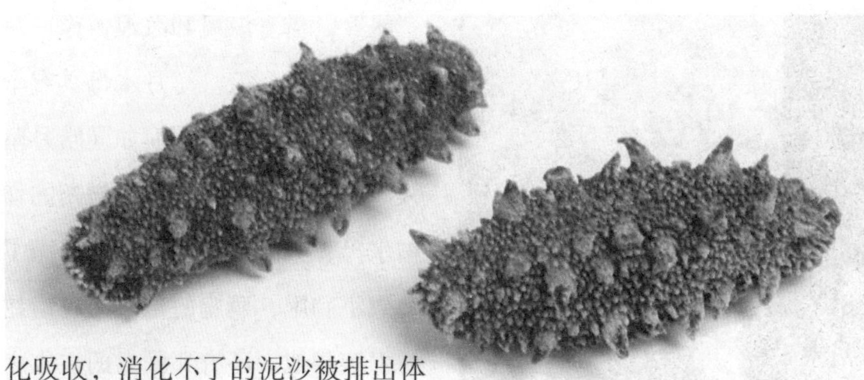

化吸收，消化不了的泥沙被排出体外，正是海参的粪便给那些潜水捕捉海参的人提供了线索。

海参不仅是餐桌上的美味佳肴，而且还是营养滋补品，对增强体质、预防疾病、抑制肿瘤、延年益寿都具有良好的功效。

（7）晶莹剔透的腔肠动物

腔肠动物在分类学上属于低等的后生动物。刺细胞是腔肠动物所特有的，它遍布于体表，尤其是触手上特别多，因此腔肠动物又被称为刺胞动物。目前，在中国海记录

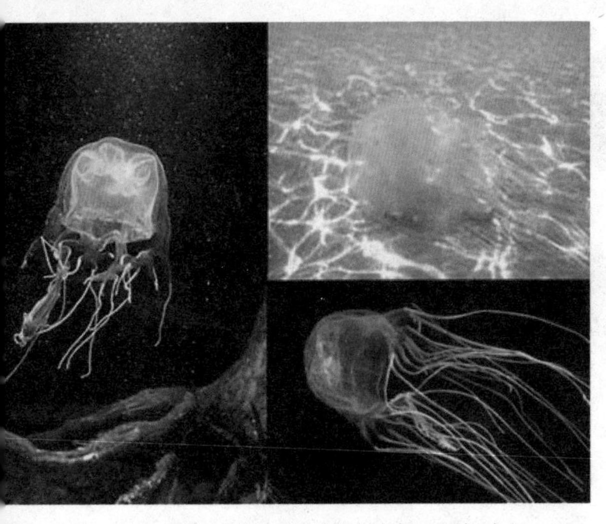

到各种海洋腔肠动物，共计是1010种。它们分别属于腔肠动物门的三个纲。第一个纲是水螅水母纲，典型代表动物是水母和薮枝螅，中国海已记录456种。第二个纲是钵水母纲，典型代表动物是海蜇，中国海已记录39种。第三个纲是珊瑚虫纲，典型代表动物是珊瑚和海葵，中国海已记录515种。

①轻盈飘逸的水母

在那蔚蓝色的海洋里，栖息着许多美丽透明的水母，它们一个个像降落伞似地漂浮在大海里，婀娜多姿的容貌使人赞叹不绝。天蓝色的帆水母背部竖着一个透明的“帆”，借着海风和海浪，像一只小船在海中颠簸。海月水母具有伞样的钟状体，浮在海面如同皓月坠入海中，十分美丽。形如僧帽的僧帽水母，其触手甚长，上面布满了无数小刺胞，刺胞的毒液与眼镜蛇的毒液相似。还有那剧毒的立方水母，又称“海黄蜂”。在海洋里，见到这些水母可千万别动手触摸，否则会被其带毒的刺胞蜇伤，甚至丧命。

②美丽的“海菊花”

陆地上的菊花，秋季开放，而在烟波浩渺的海洋中，却有一年四季盛开不败的“海菊花”，它就是海葵。

海葵形态繁多，有上千种，一般呈圆筒状，体色艳丽，基部附着在岩石、贝壳、砂砾或海底。海葵上端是圆形的盘，周围有几条到上千条菊瓣似的触手，它们在水中随波摇曳，一张一合，如花似锦。

生活在礁盘的大海葵，还有天蓝色、黄色的触手，组成鲜艳的

“花丛”，游鱼和小虾争相嬉戏于“花丛”之中。可一旦被其触手中的刺细胞刺中，便被麻痹，最后被触手卷入口中，成为其美餐。独有那色彩鲜艳的小丑鱼才可与其共栖，互利互惠。有些生物学家认为，海葵的寿命长达300年，所以这“海菊花”可长开300年而不谢，这是陆生菊花无法相比的。

③多姿多彩的珊瑚

珊瑚虫生活在温暖的海洋里，拥挤固着在岩礁上。新生的珊瑚就在死去的珊瑚骨骼上生长，有的生成树枝状，枝条纤美柔韧。珊瑚的形状美丽多姿，有像鹿角的鹿角珊瑚，有似喇叭的筒状珊瑚，有像蘑菇的石芝珊瑚等等，真是五花八门。那颜色有橙黄、粉红、浅绿、紫的、蓝的、白的……五颜六色。

从珊瑚的触手数目来分，可分为两大类——八放珊瑚和六放珊瑚。珊瑚的触手很小，都长在口旁边，那“肚子”（内腔）里被分隔成若干小房间（消化腔），海水流过，把食物带进消化腔吸收。活的珊瑚虫有吸收钙质制造骨骼的本领。

活的珊瑚虫死去了，新的又不断生长，日积月累，死珊瑚虫的石灰质骨骼便形成了珊瑚礁、珊瑚岛。

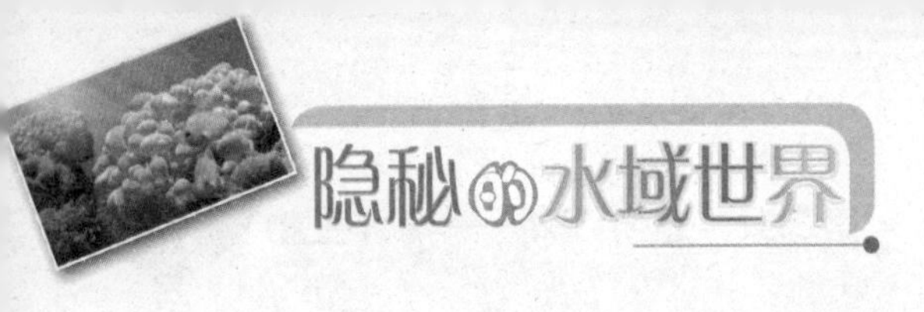

海洋动物之最

最小的海蟹：生活在日本相模湾的豆蟹，长3.8～4.2毫米，只有一个米粒那么大。

最重的海蟹：产于澳大利亚巴斯海峡，重达14千克。

最大的龙虾：是深海拖网船“赫斯勃”号于1934年捕到的。从尾端到钳尖1.2米，重19千克多。这个大龙虾现陈列在美国波士顿科学馆里。

最小的龙虾：是南非的角龙虾，总长只有10厘米左右。

最长的水母：于1965年被海水冲到马萨诸塞州海滩上，伞部直径2.3米，触手36.58米，若把触手展平，竟长达74米。

最大的蜗牛：美国加利福尼亚州近海发现的一种海兔蜗牛，平均重量3.2～3.6千克，最重6.8千克。

最大的法螺：一般壳高20余厘米，最大可达40厘米。

最名贵的海贝：贝类专家认为，生活在菲律宾海外的白齿玛瑙贝稀少名贵，至今一共找到3只。1975年11月，一位渔民在菲律宾海外马克里岛捕获1只，以7000美元售给日本人。

水中屏气最长的动物：用肺呼吸的海洋动物中，在水下屏气时间最长的是海龟。它吸入一口气，可在水下潜游几个昼夜。

绚丽多彩的海洋植物

在辽阔而富饶的海洋里，除了生活着形形色色的动物之外，还有种类繁多、千姿百态的海洋植物，其属于初级生产者。

海洋植物概述

海洋植物是指海洋中利用叶绿素进行光合作用以生产有机物的自养型生物。海洋植物门类甚多，从低等的无真细胞核藻类（即原核细

胞的蓝藻门和原绿藻门）到高等的种子植物，门类甚广，共13个门，1万多种。其中硅藻门最多，达6000种，原绿藻门最少，只有1种。

海洋植物的形态复杂，个体大小有2～3微米的单细胞金藻，也有长达60多米的多细胞巨型褐藻。有简单的群体、丝状体，也有具有维管束和胚胎等体态构造复杂的乔木。海洋里有大小各异的海草，有的海草很小，要用显微镜放大几十倍、几百倍才能看见。它们由单细胞或一串细胞所构成，长着不同颜色的枝叶，靠着枝叶在水中漂浮。单细胞海草的生长和繁殖速度很快，一天能增加许多倍。虽然，它们不断地被各种鱼虾吞食，但数量仍然很庞大。

海洋植物作用

海洋植物是海洋世界的“肥沃草原”，海洋植物不仅是海洋鱼、虾、蟹、贝、海兽等动物的天然“牧场”，而且是人类的绿色食品，也是用途宽广的工业原料、农业肥料的提供者，还是制造海洋药物的重要原料。有些海藻，如巨藻还可作为能源的替代品。光是海洋植物的能源，温度是海洋植物的生长要素，矿物质营养元素是海洋植物的养料。

海洋植物类别

海洋植物以藻类为主。海洋藻类是简单的光合营养的有机体，其形态构造、生活样式和演化过程均较复杂，介于光合细菌和维管束植物之间，在生物的起源和进化上占很重要的地位。海洋种子植物的种类不多，只知有130种，都属于被子植物，可分为红树植物和海草两类。它们和栖居其中的其他生物，组成了海洋沿岸的生物群落。

（1）海藻

藻类是古老而又原始的低等值物，广泛分布于江河湖沼和海洋中，其种类繁多、形态万千，是植物中的一大类群。

藻类是含有叶绿素和其他辅助色素的低等自养型植物，植物体为单细胞、单细胞群体或多细胞等3种。藻类没有真正的根、茎、叶的区别，整个植物就是一个简单的叶状体。藻体的各个部分都有制造有机物的功能，因此藻类也叫作叶状

体植物。

海藻是海洋生物中的一个大家族。从显微镜下才能看的见得单细胞硅藻、甲藻，到高达几百米的巨藻，有8000多种。褐藻是海洋中特有的藻类植物，其特点就是体型巨大，巨藻、墨角藻、囊叶藻、海带、马尾藻就是其中著名的褐藻。海带是中国人民喜欢食用的海产品，它不但海味十足，而且营养丰富，含有碘等多种矿物质和多种维生素，能够预防和治疗甲状腺（俗称大脖子）病。具有食用和药用价值的海藻还有中紫菜、裙带菜、石花菜等。

海　带

裙带菜

石花菜

海藻是海洋植物的主体，是人类的一大自然财富，目前可用作食品的海洋藻类有100多种。科学家们根据海藻的生活习性，把海藻分为浮游藻和底栖藻两大类型。

①浮游藻

浮游藻的藻体仅由一个细胞所组成，所以也称为海洋单细胞藻。这类生物是一群具有叶绿素，能够进行光合作用，并生产有机物的自养型生物。它们是海洋中最重要的初级生产者，又是养殖鱼、虾、贝的饵料。目前已在中国海记录到浮游藻1817种。

浮游藻的运动能力非常弱，只能随波逐流地漂浮或悬浮在水中作极微弱的浮动。它们有适应漂浮生活的各种各样的体形，使浮力增加。例如有的浮游藻细胞周围生出一圈刺毛，有的长有长长的刺或突起物，这些附属物增加了与水的接触面，可以产生很大的稳定性，使其能漂浮在有光的表层水中。有的结成群体来扩大表面积便于漂浮，而且它们本身个体很小，也是对漂浮生活的一种很好的适应形式。

浮游藻身体直径一般只有千分之几毫米，只有在显微镜下才能看见它们的模样，但其形状各有特色，几乎是一种一个样子。它们多数是单细胞的，也有许多是由单细胞结合起来的群体，有纺锤形、扇形、星形的，也有椭圆形、卵形、圆柱形的，还有树枝状的。

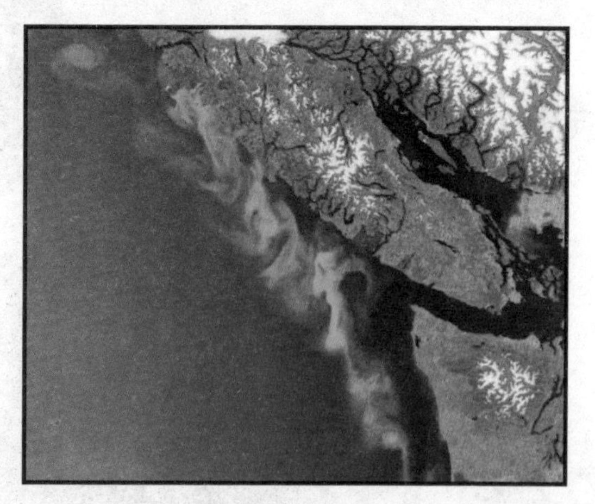

②底栖藻

科学家们将栖息在海底的藻类称为底栖藻。它们在退潮时能适应暂时的干旱和冬季暂时的“冰冻”等环境，只要海水一涨潮，它们便又开始正常的生长发育。底栖藻大部分是肉眼能看见的多细胞海藻。小的种类成体只有几厘米长，如丝藻，最长的可达200～300米，如巨藻。底栖藻的形态奇形怪状，有的像带子，如海带；有的像绳子，如绳藻；有的是片状，如石莼、紫菜；有的像树枝状，如马尾藻。

底栖藻的藻体有的只有一层很薄的细胞，如礁膜；有的有两层细胞，如石莼；有的中空呈管状，如浒苔；还有的藻体可分为外皮层、皮层和髓部，如海带、马尾藻。

底栖藻的颜色鲜艳美丽，有绿色、褐色和红色。科学家们根据它们的颜色，把海藻分为三大类：绿藻类、褐藻类和红藻类。

（2）海 草

海草是指生长于温带、热带近

丝藻

海带

石莼

马尾藻

海水下的单子叶高等植物。海草有发育良好的根状茎（水平方向的茎），叶片柔软、呈带状，花生于叶丛的基部，花蕊高出花瓣，所有这些都是为了适应水生生活环境。

海草像陆上的植物一样，没有阳光就不能生存。海洋绿色植物在它的生命过程中，从海水中吸收养料，在太阳光的照射下，通过光合作用，合成有机物质（糖、淀粉等），以满足海洋植物生活的需要。光合作用必须有阳光，阳光只能透入海水表层，这使得海草仅能生活在浅海中或大洋的表层，大的海草只能生活在海边及水深几十米以内的海底。

①海草的生长环境

海草生活在热带和温带的海岸附近的浅海中，被认为是在演化过程中再次下海的植物，常在潮下带海水中形成草场。在世界上的分布很广，已知有12属49种，其中7属产于热带，2属见于温带，四分之三的种类产于印度洋和西太平洋。中国沿海已知8属，其中海菖蒲、海黾草、喜盐草、海神草、二药藻和针叶藻等6属是暖水性的，产于广东、海南和广西3省区沿海；虾形藻属和大叶藻属是温水性的，主要产于辽宁、河北、山东等省沿海，其中的日本大叶藻的产地，延伸至福建省和台湾省沿海，甚至粤东、广西和香港沿海。

海菖蒲

针叶藻

②海草的经济价值

海草根系发达，有利于抵御风浪对近岸底质的侵蚀，对海洋底栖生物具有保护作用。同时，通过光合作用，它能吸收二氧化碳，释放氧气溶于水体，对溶解氧起到补充作用，改善渔业环境。

海草常在沿海潮下带形成广大的海草场，海草场是高生产力区。这里的腐殖质特别多，是幼虾、稚鱼良好的生长场所，同时也有利于海鸟的栖息。它能为鱼、虾、蟹等海洋生物提供良好的栖息地和隐蔽保护场所。海草床中生活着丰富的浮游生物，海草是海洋动物的食物。有些海洋动物是食草的，另外一些是靠吃“食草”动物来维持生命的，所以，海洋中的动物都是靠海草来养活的，个别种类海草还是濒危保护动物儒艮的食物。海草场保护生物群落的作用不可忽视。

在我国的北方，沿海渔民常用海草作建造房屋顶的材料。海草具有抗腐蚀、耐用和保暖的特点。大叶藻和虾形藻等干草，是良好的隔音材料和保温材料。

大的海草有几十米甚至几百米长，它们柔软的身体紧贴海底，被波浪冲击得前后摇摆，但却不易被折断。海草的经济价值很高，像中国浅海中的海带、紫菜和石花菜，都是很好的食品，有的还可以提炼碘、溴、氯化钾等工业原料和医药原料。

（3）红树林

海底森林就是世界稀有的树种红树林。这种生长在海底的红树林高底参差不齐，最高的可达5米。落潮时从滩地露出，涨潮里被海水吞没，只有高一些的，微露梢头，随波摇摆，各种各样的鸟儿就在树梢歇脚，白鹭、苍鹭、黑尾鸥都是这里的常客。斑鸠、苦对还长年在较高的树上筑巢安家。海底森林的树木共有五科六种。它们的根部特别发达，盘根错节，绕来缠去，千姿百态，很有观赏价值。在有680千米海岸线的福建漳州沿海，红树林资源异常丰富。漳州市云霄县漳江出海口就有千亩红树林——海底森林。

红树林是生长在海水中的森林，是生长在热带、亚热带海岸及河口潮间带特有的森林植被。它们的根系十分发达，盘根错节屹立于滩涂之中。它们具有革质的绿叶，油光闪亮。它们与荷花一样，出污泥而不染。涨潮时，它们被海水淹没，或者仅仅露出绿色的树冠，仿佛在海面上撑起一片绿伞。潮水退去，则成一片郁郁葱葱的森林。红树林海岸主要分布于热带地区，南美洲东西海岸及西印度群岛、非洲西海岸是西半球生长红树林的主要地带。在东方，以印尼的苏门答腊和马来半岛西海岸为中心分布区。沿孟加拉湾-印度-斯里兰卡-阿拉伯半岛至非洲东部沿海，都是红树林生长的地方。澳大利亚沿岸红树林分布也较广。印尼-菲律宾-中印半岛至我国广东、海南、台湾、福建沿海也都有分布。由于黑潮暖流的影响，红树林海岸一直分布至日本九洲。

海洋微生物是以海洋水体为正常栖居环境的一切微生物。但由于学科传统及研究方法的不同，本节不介绍单细胞藻类，而只讨论细菌、真菌及噬菌体等狭义微生物学的对象。海洋细菌是海洋生态系统中的重要环节。

海洋微生物的特性

海洋微生物作为分解者，它促进了物质循环，在海洋沉积成岩及海底成油成气过程中，都起了重要作用。还有一小部分化能自养菌则是深海生物群落中的生产者。海洋细菌可以污损水工构筑物，在特定条件下其代谢产物如氨及硫化氢也可毒化养殖环境，从而造成养殖业的经济损失。但海洋微生物同样可以消灭陆源致病菌，它的巨大分解潜能几乎可以净化各种类型的污染，它还可能提供新抗生素以及其他生物资源，因而随着研究技术的进展，海洋微生物日益受到重视。

与陆地相比，海洋环境以高盐、高压、低温和稀营养为特征。海洋微生物长期适应复杂的海洋环境而生存，因而有其独具的特性。

（1）嗜盐性

嗜盐性是海洋微生物最普遍的特点，真正的海洋微生物的生长必需要海水，海水中富含各种无机盐类和微量元素。钠为海洋微生物生长与代谢所必需除外，钾、镁、钙、磷、硫或其他微量元素也是某些海洋微生物生长所必需的。

（2）嗜冷性

大约90%海洋环境的温度都在5℃以下，绝大多数海洋微生物的生长要求较低的温度，一般温度超过37℃就停止生长或死亡。那些能在0℃生长或其最适生长温度低于20℃的微生物称为嗜冷微生物。嗜冷菌主要分布于极地、深海或高纬度的海域中，其细胞膜构造具有适应低温的特点。那种严格依赖低温才能生存的嗜冷菌对热反应极为敏感，即使中温就足以阻碍其生长与代谢。

（3）嗜压性

海洋中静水压力因水深而异，水深每增加10米，静水压力递增1个标准大气压，海洋最深处的静水压力可超过1000大气压。深海水域是一个广阔的生态系统，约56%以上的海洋环境处在100～1100大气压的压力之中，嗜压性是深海微生物独有的特性。来源于浅海的微生物一般只能忍耐较低的压力，而深海的嗜压细菌则具有在高压环境下生长的能力，能在高压环境中保持其酶系统的稳定性。研究嗜压微生物的生理特性必需借助高压培养器来维持特定的压力。那种严格依赖高压而存活的深海嗜压细菌，由于研究手段的限制迄今尚难于获得纯培养菌株。根据自动接种培养装置在深海实地实验获得的微生物生理

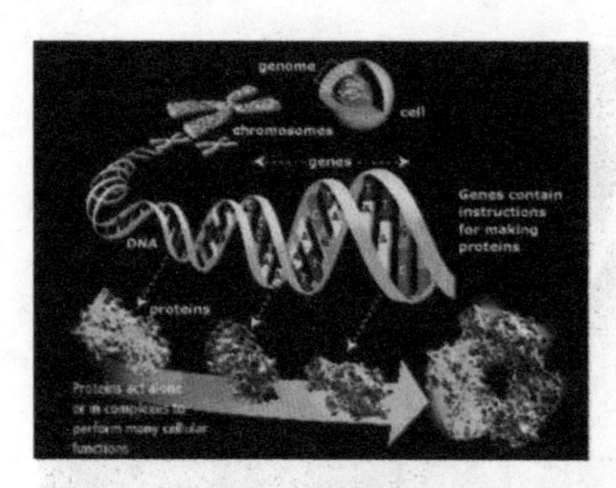

活动资料判断，在深海底部微生物分解各种有机物质的过程是相当缓慢的。

（4）低营养性

海水中营养物质比较稀薄，部分海洋细菌要求在营养贫乏的培养基上生长。在一般营养较丰富的培养基上，有的细菌于第一次形成菌落后即迅速死亡，有的则根本不能形成菌落。这类海洋细菌在形成菌落过程中因其自身代谢产物积聚过甚而中毒致死。这种现象说明常规的平板法并不是一种最理想的分离海洋微生物方法。

（5）趋化性与附着生长

海水中的营养物质虽然稀薄，但海洋环境中各种固体表面或不同性质的界面上吸附积聚着较丰富的营养物。绝大多数海洋细菌都具有运动能力。其中某些细菌还具有沿着某种化合物浓度梯度移动的能力，这一特点称为趋化性。某些专门附着于海洋植物体表面而生长的细菌称为植物附生细菌。海洋微生物附着在海洋中生物和非生物固体的表面，形成薄膜，为其他生物的附着造成条件，从而形成特定的附着生物区系。

（6）多形性

在显微镜下观察细菌形态时，有时在同一株细菌纯培养中可以同时观察到多种形态，如球形、椭圆形、大小长短不一的杆状或各种不规则形态的细胞，这种多形现象在

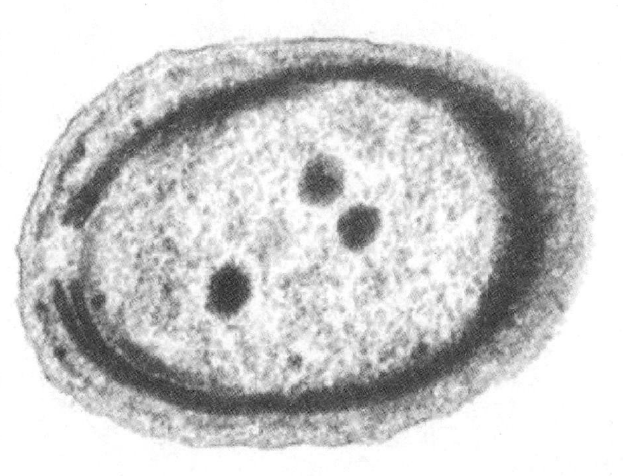

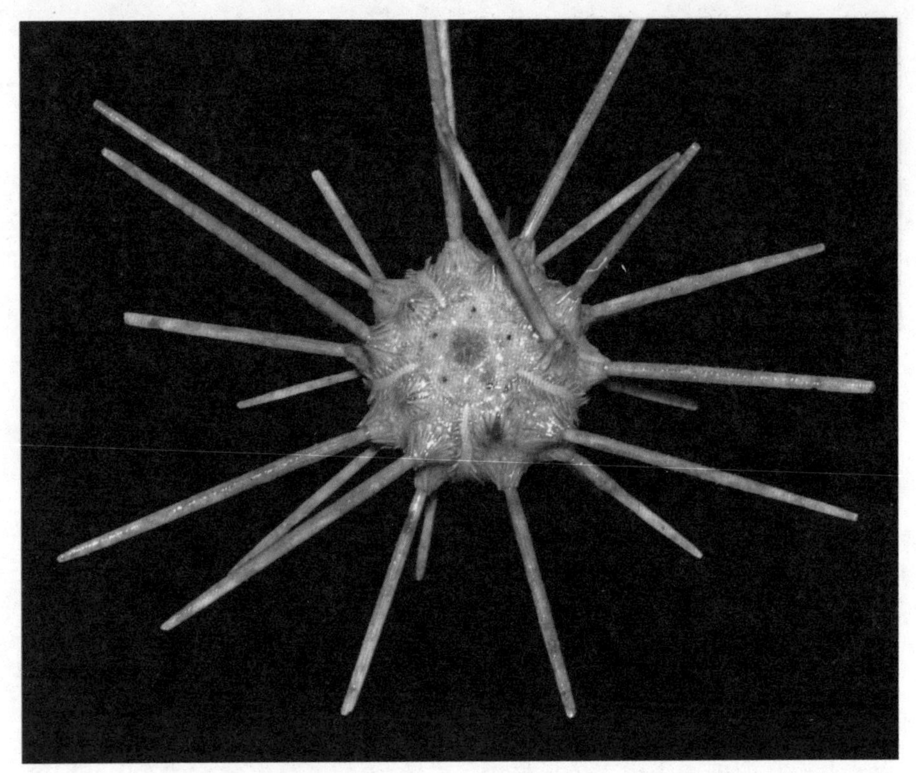

海洋革兰氏阴性杆菌中表现尤为普遍。这种特性看来是微生物长期适应复杂海洋环境的产物。

（7）发光性

在海洋细菌中只有少数几个属表现发光特性。发光细菌通常可从海水或鱼产品上分离到。细菌发光现象对理化因子反应敏感，因此有人试图利用发光细菌为检验水域污染状况的指示菌。

海洋微生物的分布

海洋细菌分布广、数量多，在海洋生态系统中起着特殊的作用。海洋中细菌数量分布的规律是：近海区的细菌密度较大洋大，内湾与河口内密度尤大；表层水和水底泥界面处细菌密度较深层水大，一般底泥中较海水中大；不同类型的底质间细菌密度差异悬殊，一般泥土

中高于沙土。大洋海水中细菌密度较小，每毫升海水中有时分离不出1个细菌菌落，因此必须采用薄膜过滤法：将一定体积的海水样品用孔径0.2微米的薄膜过滤，使样品中的细菌聚集在薄膜上，再采用直接显微计数法或培养法计数。大洋海水中细菌密度一般为每40毫升几个至几十个。在海洋调查时常发现某一水层中细菌数量剧增，这种微区分布现象主要决定于海水中有机物质的分布状况，一般在赤潮之后往往伴随着细菌数量增长的高峰。有人试图利用微生物分布状况来指示不同水团或温跃层界面处有机物质积聚的特点，进而分析水团来源或转移的规律。

海水中的细菌以革兰氏阴性杆菌占优势，常见的有假单胞菌属等10余个属。相反，海底沉积土中则以革兰氏阳性细菌偏多，芽胞杆菌属是大陆架沉积土中最常见的属。

海洋真菌多集中分布于近岸海域的各种基底上，按其栖住对象可分为寄生于动植物、附着生长于藻类和栖住于木质或其他海洋基底上等类群，某些真菌是热带红树林上的特殊菌群。某些藻类与菌类之间存在着密切的营养供需关系，称为藻菌半共生关系。

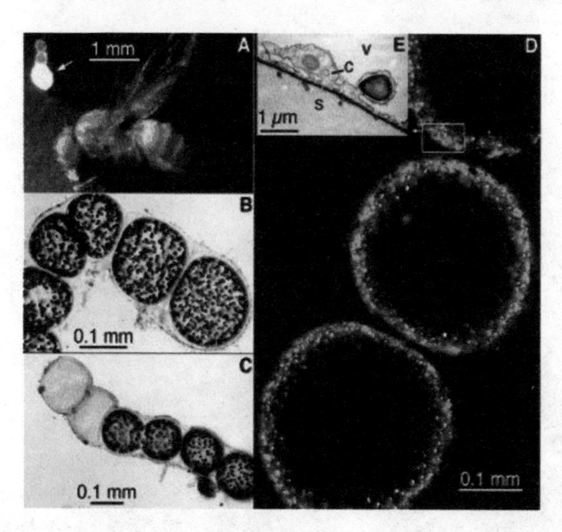

大洋海水中酵母菌密度为每升5至10个，近岸海水中可达每升几百至几千个。海洋酵母菌主要分布于新鲜或腐烂的海洋动植物体上，海洋中的酵母菌多数来源于陆地，只有少数种被认为是海洋种。海洋中酵母菌的数量分布仅次于海洋细菌。

海洋微生物在海洋环境中的作用

海洋堪称为世界上最庞大的恒化器，能承受巨大的冲击（如污染）而仍保持其生命力和生产力，微生物在其中是不可缺少的活跃因素。自人类开发利用海洋以来，竞争性的捕捞和航海活动、大工业兴起带来的污染以及海洋养殖场的无限扩大，使海洋生态系统的动态平衡遭受严重破坏。海洋微生物以其敏感的适应能力和快速的繁殖速度在发生变化的新环境中迅速形成异常环境微生物区系，积极参与氧化还原活动，调整与促进新动态平衡的形成与发展。从暂时或局部的效果来看，其活动结果可能是利与弊兼有，但从长远或全局的效果来看，微生物的活动始终是海洋生态系统发展过程中最积极的一环。

海洋中的微生物多数是分解者，但有一部分是生产者，因而具有双重的重要性。实际上，微生物参与海洋物质分解和转化的全过程。海洋中分解有机物质的代表性菌群是，分解有机含氮化合物者有分解明胶、鱼蛋白、蛋白胨、多肽、氨基酸、含硫蛋白质以及尿素等的微生物。利用碳水化合物类者有主要利用各种糖类、淀粉、纤维素、琼脂、褐藻酸、几丁质以及木质素等的微生物。此外，还有降解烃类化合物以及利用芬香化合物如

酚等的微生物。海洋微生物分解有机物质的终极产物如氨、硝酸盐、磷酸盐以及二氧化碳等都直接或间接地为海洋植物提供主要营养。微生物在海洋无机营养再生过程中起着决定性的作用。某些海洋化能自养细菌可通过对氨、亚硝酸盐、甲烷、分子氢和硫化氢的氧化过程取得能量而增殖。在深海热泉的特殊生态系中，某些硫细菌是利用硫化氢作为能源而增殖的生产者。另一些海洋细菌则具有光合作用的能力。不论异养或自养微生物，其自身的增殖都为海洋原生动物、浮游动物以及底栖动物等提供直接的营养源，这在食物链上有助于初级或高层次的生物生产。在深海底部，硫细菌实际上负担了全部初级生产。

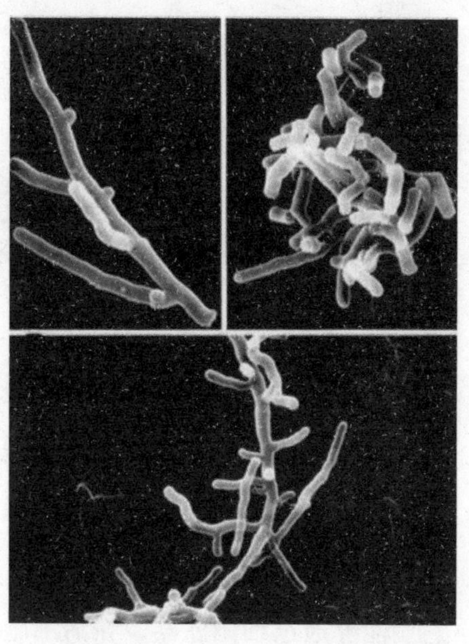

在海洋动植物体表或动物消化道内往往形成特异的微生物区系，如弧菌等是海洋动物消化道中常见的细菌，分解几丁质的微生物往往是肉食性海洋动物消化道中微生物区系的成员。某些真菌、酵母和利用各种多糖类的细菌常是某些海藻体上的优势菌群。微生物代谢的中间产物如抗生素、维生素、氨基酸或毒素等是促进或限制某些海洋生物生存与生长的因素。某些浮游生物与微生物之间存在着相互依存的营养关系，如细菌为浮游植物提供维生素等营养物质，浮游植物分泌乙醇酸等物质作为某些细菌的能源与碳源。

由于海洋微生物富变异性，故能参与降解各种海洋污染物或毒物，这有助于海水的自净化和保持海洋生态系统的稳定。

分布密集的海洋病毒

海洋病毒是海洋环境超显微的、仅含有一种类型核酸（DNA或RNA）、专业活细胞内寄生的非细胞形态一类微生物。它们能够通过细菌滤器，在活细胞外具有一般化学大分子特征，进入宿主细胞又具有生命特征。

海洋病毒的分布特征

海洋病毒多种多样，具有形态多样性及遗传多样性。海水中海洋病毒的密度分布呈现近岸高、远岸低；在海洋真光层中较多，随海水深度增加逐渐减少，在接近海底的水层中又有回升的趋势。其密度有时可达每毫升$10^6 \sim 10^9$个病毒颗粒，超过细菌密度的5至10倍。

海洋病毒的利弊

海洋中病毒能够侵染多种海洋生物，海洋噬菌体的裂解致死占异样细菌死亡率的60%。海洋蓝细菌、海洋真核藻等重要海洋初级生产者也可被海洋病毒感染。病毒还能裂解某些种类浮游动物，众所周知，病毒的感染致病，给水产养殖业造成了巨大的损失。现已查明，从1993年开始在全国对虾养殖地区几乎普遍发生的、危害性极大的机型流行病即由一种杆状病毒白斑综合症杆状病毒所引起。

但有些海洋病毒具有帮助某些海洋浮游植物生长的作用，对海洋环境和人类生存有益。目前海洋病毒在海洋生态系统中的作用正日益被人们所关注。

第三章

丰富的海底资源

人类社会的发展，离不开对各种资源的开发和利用。在陆地资源逐渐枯竭的今天，人们把目光投向了深海大洋。海水中蕴藏着巨大的资源，地球上发现的100多种化学元素，已有80％以上在海水中找到。从海水中提取化学物质，将是人类的巨大财富。目前，开发利用海水资源已经达到工业规模的有海盐、淡水和其他一些海水化学元素的提取。

现代社会正在发展海洋经济，海洋经济就是在世界范围内已发展成熟的海洋产业，它们包括海洋渔业、海水增养殖业、海水制盐及盐化工业、海洋石油工业、海洋娱乐和旅游业、海洋交通运输业和滨海砂矿开采业等。

在海底世界中，除了大家耳熟能详的锰结核、深海油气，还有热液矿床，以及当前最炙手可热的天然气水合物。天然气水合物的储量极为巨大，据估计，把人类已经用掉的和还没有开发石油、煤、天然气加在一起，还赶不上天然气水合物中有机碳总含量的一半。如果这个估计不错，那无疑是人类的福音，因为它很可能将成为新世纪的新能源。

海洋为人类的生存提供了极为丰富的宝贵资源，只要我们能合理的开发、利用，它将循环不息地为人类所用，取之不尽，用之不竭，它会成为下个世纪人类的重要资源供应地。

海底资源简介

海底包括了国际海底区域和部分国家管辖的陆架区（包括法律大陆架）。深海的战略地位根植于其广阔的空间和丰富的资源。深海底资源包括：

（1）分布于水深4000～6000米海底，富含铜、镍、钴、锰等金属的多金属结核。

（2）分布于海底山表面的富钴结壳和分布于大洋中脊和断裂活动带的热液多金属硫化物。

（3）生活于深海热液喷口区和海山区的生物群落，因其生存的特殊环境，其保护和利用已引起国际社会的高度重视。

（4）目前主要发现于大陆边缘的天然气水合物，其总量换算成甲烷气体约为1.8×10^{16}米^3～2.1×10^{16}

铜矿

镍矿

钴

锰橄榄石

米^3，大约相当于全世界煤、石油和天然气等总储量的两倍，被认为是一种潜力很大、可供21世纪开发的新型能源。

深海将成为21世纪多种自然资源的战略性开发基地，可能形成包括深海采矿业、深海生物技术业、深海技术装备制造业等产业门类的深海产业群。过去几十年来，有关深海底资源的知识迅速发展，不但将显著地增加世界的资源基础，而且有可能为未来世界带来可观的经济收益。新发现的资源大多是在国家管辖范围之外的国际海底，其中一些比任何陆地矿床都要丰富。为此，组织和管理国际海底区域勘探与开发活动的国际海底管理局正致力于有关规章的制订工作。管理局已于2000年通过了国际海底区域内多金属结核探矿和勘探规章，目前正在为多金属硫化物和富钴结壳制定一套类似的探矿和勘探规章。

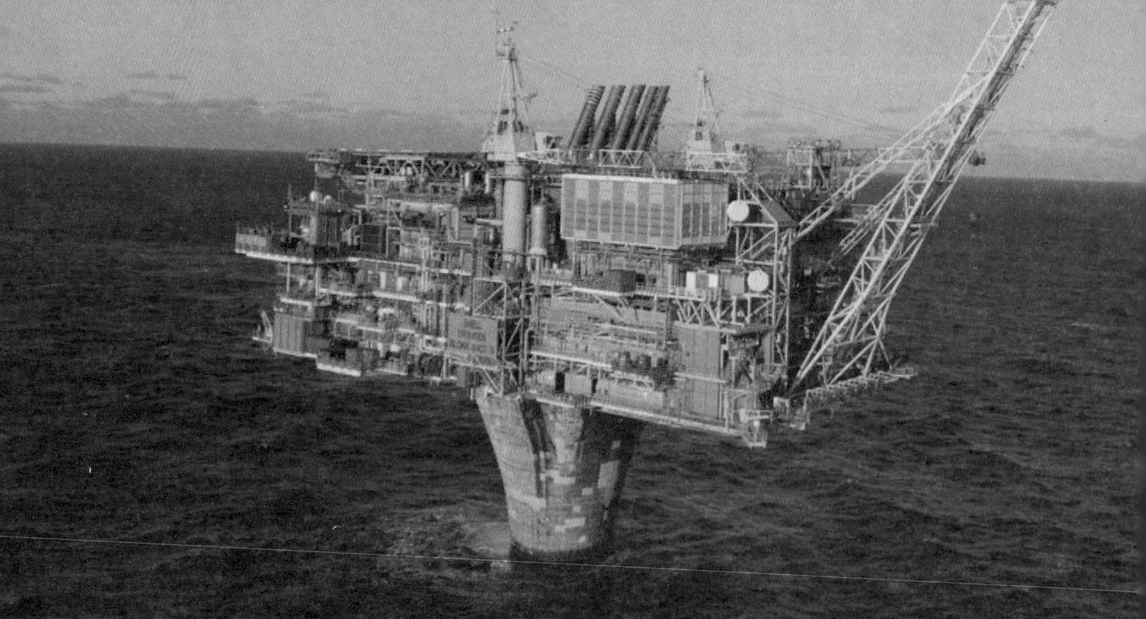

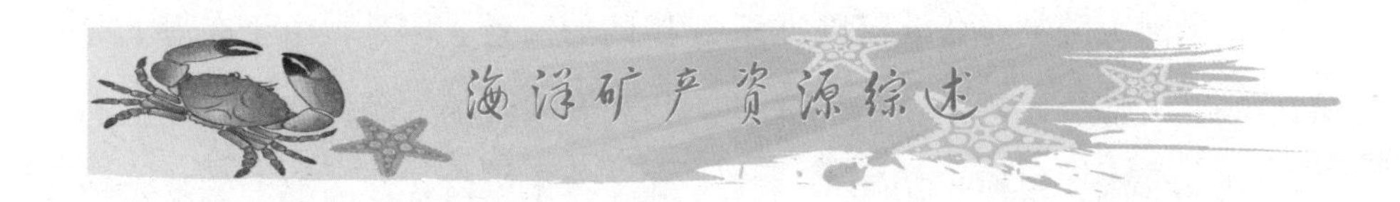

海洋矿产资源综述

海洋矿产资源主要是指海底石油、天然气和海滨、浅海中的砂矿资源。近四十多年来海上石油勘探工作查明，海底蕴藏着丰富的石油和天然气资源。据1979年统计，世界近海海底已探明的石油可采储量为220亿吨，天然气储量为17万亿立方米，占当年世界石油和天然气探明总可采储量的24%和23%。

埋藏在海底的石油和天然气，不论其生成环境是否属于海洋环境，都将列入海底石油资源。海底有石油，这在过去是不大好理解的。自从19世纪末海底发现石油以后，科学家研究了石油生成的理论。

在中、新生代，海底板块和大陆板块相挤压，形成许多沉积盆地，在这些盆地形成几千米厚的沉积物。这些沉积物是海洋中的浮游生物的遗体（它们在特定的有利环境中大量繁殖），以及河流从陆地带来的有机质。这些沉积物被沉积的泥沙埋藏在海底，构造运动使盆地岩石变形，形成断块和背斜。伴随着构造运动而发生岩浆活动，产生大量热能，加速有机质转化为石油，并在圈闭中聚集和保存，成为现今的陆架油田。

中国沿海和各岛屿附近海域的海底，蕴藏有丰富的石油和天然气资源。国外有人估计中国近海石油储量约100～250万吨，无疑中国

是世界海洋油气资源丰富的国家之一。渤海是中国第一个开发的海底油田，渤海大陆架是华北沉降堆积的中心，大部分发现的新生代沉积物厚达4000米，最厚达7000米。这是很厚的海陆交互层，周围陆上的大量有机质和泥沙沉积其中，渤海的沉积又是在新生代第三纪适于海洋生物繁殖的高温气候下进行的，这对油气的生成极为有利。由于断陷伴随褶皱，产生一系列的背斜带和构造带，形成各种类型的油气田。东海大陆架宽广，沉积厚度大于200米。外国人认为：东海是世界石油远景最好的地区之一，其天然气储量潜力可能比石油还要大。

南海大陆架是一个很大的沉积盆地，新生代地层约2000～3000米，有的达6000～7000米，具有良好的生油和储油岩系。生油岩层厚达1000～4000米，已探明的石油储量为6.4亿吨，天然气储量9800亿立方米，是世界海底石油的富集区。因此，某些外国石油专家认为，南海可能成为另一个波斯湾或北海油田。

海上石油资源开发利用，有着广阔的前景。但是，由于在海上寻找和开采石油的条件与在陆地上不同，技术手段要比陆地上的复杂一些，建设投资比陆地上的高，风险要比陆地上的大。因此，当今世界海洋石油开发活动，绝大多数国家采取了国际合作的方式。

中国为了加快海上石油资源开发，明确规定中国拥有石油资源的所有权和管辖权。合作区的海域和资源、产品属中国所有；合作区的海域和面积大小以及选择合作对象，都由中国决定一系列维护中国主权和利益的条款。合理利用外资和技术，已成为加速海上石油资源开发的重要途径。众所周知，随着世界上工业和经济的高速发展，矿产资源消耗量急剧增加，陆地矿产资源在全球范围内日趋短缺、衰竭。人们唯有把占地球表面积71%以上的海洋，作为未来的矿产来源。

海、黄海、东海

营口
辽东湾
秦皇岛
丹东
朝
0 150 300 450千米
渤
西朝鲜湾
鲜
日本海
大连
海
渤海海峡
庙岛群岛
河
莱州湾
烟台
威海
半
石岛
青岛
黄
海
岛
日照
海州湾
连云港
济州海峡
济州岛
九州岛
泽湖
江
南京
南通
吕四
崇明岛
上海
太湖
杭州湾
杭州
舟山群岛
宁波
东海
琉
球
群
岛
温州
玉环岛
福州
泉州
台湾
台北
厦门
太
平

海底矿产海底除了我们前面提到的石油、天然气外，还蕴藏着丰富的金属和非金属矿。至今已发现海底蕴藏的多金属结核矿、磷矿、贵金属和稀有元素砂矿、硫化矿等矿产资源达6000亿吨。若把太平洋底蕴藏的一百六十多亿吨多金属结核矿开采出来，其镍可供全世界使用2万年，钴使用34万年，锰使用18万年，铜使用1000年。更为有趣的是，人们发现海底锰结核矿石（含锰、铁、铜、钴、镍、钛、钒、锆、钼等多种金属）还在不断生长，它决不会因为人类的开采而在将来消失。据美国科学家梅鲁估计：太平洋底的锰结核，以每年1000万吨左右的速度不断生长。假如我们每年仅从太平洋底新生长出来的锰结核中提取金属的话，其中铜可供全世界用三年，钴可用四年，镍可以用一年。锰结核这一大洋深处的“宝石”，是世界上一种取之不尽、用之不竭的宝贵资源，是人类共同的财富。

然而要从四五千米深的大洋底部采取锰结核，也是一件很不容易的事，一定要有先进的技术才行，目前只有

锰结核

少数几个发达国家能够办到。中国也已基本上具备了开发大洋锰结核的条件，到21世纪，可望实现生产性开采。海洋为人类的生存提供了极为丰富的宝贵资源，只要我们能合理的开发、利用，它将循环不息地为人类所用，取之不尽，用之不竭，是下个世纪人类的重要资源供应地。

海洋盆地是各种矿物沉积的来源，除原先已知的矿藏外，新发现的海洋矿物资源包括多金属硫化物，其中铜、锌、银和金含量各不相同。多金属硫化物矿床是数千年来在海底热泉附近积聚而成，海底热泉位于海底活火山山脉各处，而这些火山山脉蔓延全球所有海洋盆地。多金属硫化物矿床还在与火山列岛毗连的地点形成，例如太平洋西部边界沿线的列岛。

另一类新发现的海洋矿物资源是富钴结壳。这种矿壳沉积于水下死火山侧面，历时数百万年形成，其矿物来自海水中溶化的金属，而这些金属则是河水和海底热泉提供的。热泉使多金属硫化物沉积集中，同时又使各种金属散布海洋，促进了富钴结壳积聚。不仅如此，热泉还提供了来自地球内部的化学能量，微生物利用这些能量生长。这些微生物处于温泉生命形式生态系统食物链底层，基本无需光能，而陆地食物链的底层植物则需要光能产生光合作用。这些微生物十分重要，是具有工业和医药用途的新的化合物来源。这些微生物也包括原始的生命形式，可能有助于揭开生命起源的奥秘。

海水里的核燃料——氘、氚、铀资源

核能的利用是人类未来能源的希望所在。从目前的科学技术水平看，人们开发核能的途径有两条：一是重元素的裂变，如铀；二是轻元素的聚变，如氘、氚。重元素的裂变技术，已得到实际应用；轻元素聚变技术，正在积极研制之中。不论是在核裂变反应的重元素铀，还是核聚变反应的轻元素氘、氚，在世界大洋中的储藏量都是巨大的。

铀是自然界中原子序数量最大的元素，它是一种钢灰色金属。对于铀，采用人工方法轰击铀的原于核，使之分裂，可以释放出惊人的巨大能量。例如，1千克铀裂变时释放的能量，相当于2500吨优质煤燃烧时放出的全部热能。可见，铀核裂变能是一种巨大的能源，这就是人们常说的原子能发电。迄今为止，全世界已建成的原子能电站和正在建设的约有上千座。随着原子能发电技术的发展，对燃料铀的需要量也在不断增加。然而，陆地上铀的储藏量并不丰富，较适于开采的只有100万吨，加上低品位铀

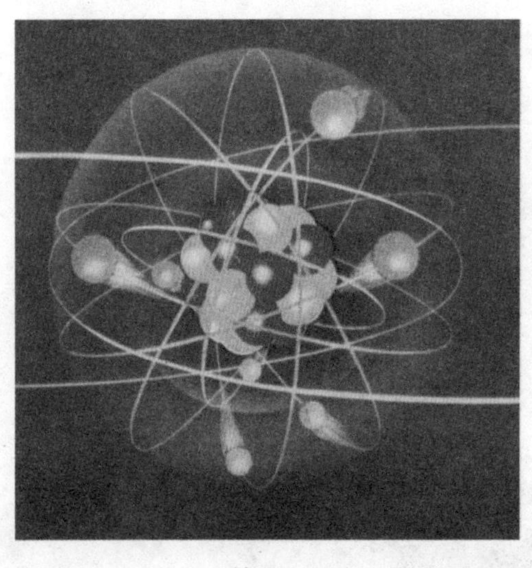

铀原子

矿及其副产铀化物，总量也不超过500万吨。按目前的消耗量，只够开采几十年。可是，海水中溶解的铀的数量可达45亿吨，超过陆地储量的几千倍，若全部收集起来，可保证人类几万年的能源需要。不过，海水中含铀的浓度很低，1000吨海水只含有3克铀。这就是说，只有先把铀从海水中提取出来，才有可能加以应用。当然，要从海水中提取铀，从技术上讲是件十分困难的事情，需要处理大量海水，技术工艺十分复杂。但是，人们已经试验了很多种海水提铀的办法，如吸附法、共沉法、气泡分离法以及藻类生物浓缩法等。

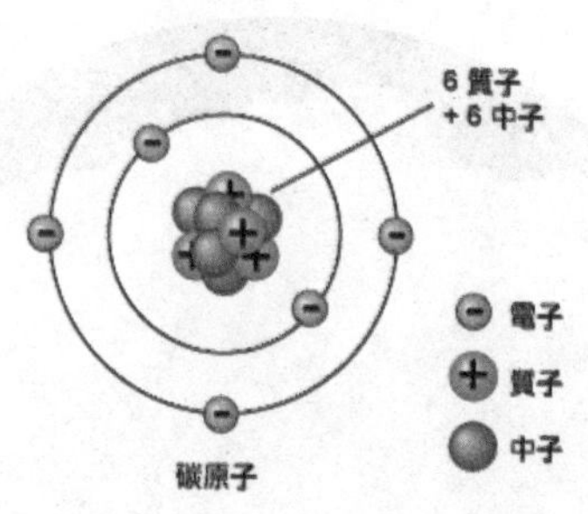

氘和氚都是氢的同位素。在一定条件下，它们的原子核可以互相碰撞而聚合成一种较重的原子核——氦核，同时把核中贮存的巨大能量（核能）释放出来。一个碳原子完全燃烧生成二氧化碳时，只放出4电子伏特的能量，而氘–氚反应时能放出1780万电子伏特的能量，据计算，1千克氘燃料，至少可以抵得上4千克铀燃料或1万吨优质煤燃料。海水中氘的含量为十万分之三，即1升海水中含有0.03克氘。这0.03克氘聚变时释放出来的能量等于300升汽油燃烧的能量，因此，人们用1升海水等于300升汽油这样的等式来形容海洋中核聚变燃料储藏的丰富。人们已经知道，海水的总体积为13.7亿立方千米，所以海水中总共含有几亿亿千克的氘。这些氘的聚变能量，足以保证人类上百亿年的能源消费。而且，氘的提取方法简便，成本较低，核聚

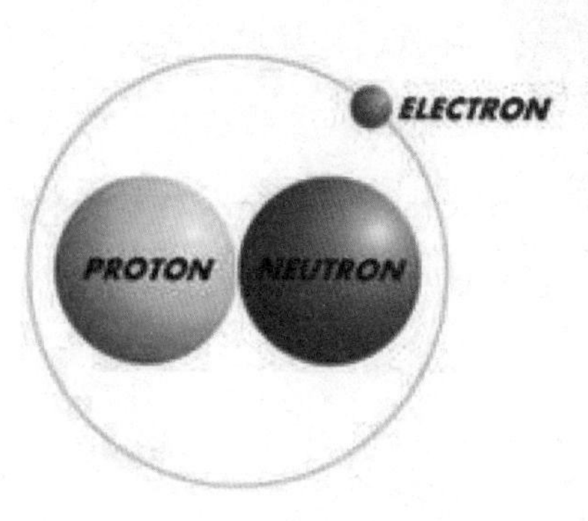

氘的结构

变堆的运行也是十分安全的。因此，以海水中的氘、氚的核聚变能解决人类未来的能源需要将展示出最好的前景。

氘-氚的核聚变反应，需要在几千万度，以致上亿度的高温条件下进行。目前，这样的反应，已经在氢弹爆炸过程中得以实现。用于生产目的的受控热核聚变在技术上还有许多难题。但是，随着科学技术的进步，这些难题都是能够解决的。1991年11月9日，由14个欧洲国家合资，在欧洲联合环型核裂变装置上，成功地进行了首次氘-氚受控核聚变试验，反应时发出了1.8兆瓦电力的聚变能量，持续时间为2秒，温度高达3亿度，比太阳内部的温度还高20倍。核聚变比核裂变产生的能量效应要高达600倍，比煤高1000万倍。因此，科学家们认为，氘-氚受控核聚变的试验成功，是人类开发新能源历程中的一个里程碑。在下个世纪，核聚变技术和海洋氘、氚提取技术将会有重大突破。这两项技术的发展与成熟，对整个人类社会将产生重大的影响

海底矿产种类

可以毫不夸张地说，海洋中几乎有陆地上所有的各种资源，而且还有陆地上没有的一些资源。目前人们已经发现的有以下六大类：

海底油气

海底油气是最重要的传统海洋矿产资源，被人们称为“工业的血液”。据估计，世界石油极限储量1万亿吨，可采储量3000亿吨，其中海底石油1350亿吨，世界天然气储量255～280亿立方米，海洋储量占140亿立方米。上世纪末，海洋石油年产量达30亿吨，占世界石油总产量的50%。目前海底石油储量占全球总量的45%，天然气占50%，海上总产量占全球总产量约三分之一，而且现在海底石油开发的水深和井深越来越大。

新西兰在北岛东岸近海水深1～3千米，发现面积大于4×10^4千米^{2}的天然气水合物分布区，澳大利亚近年在其东部豪勋爵海底高原发现

天然气水合物分布面积达8×10^4k米^2。巴基斯坦在阿曼湾开展了水会物调查，也取得了进展。加拿大西侧胡安一德赛卡洋中脊斜坡区发现约1800亿油当量的天然气水合物资源量。总之，目前已调查发现并圈定有天然气水合物的地区主要分布在西太平洋海域的白令海、鄂霍茨克海、千岛海沟、冲绳海槽、日本海、四国海槽、南海海槽、苏拉威西海、新西兰北岛；东太平洋海域的中美海槽、北加利福尼亚一俄勒冈滨外、秘鲁海槽；大西洋海域的美国东海岸外布莱克海台、墨西哥湾、加勒比海、南美东海岸外陆缘、非洲西西海岸海域；印度洋的阿曼海湾；北极的巴伦支海和波弗特海；南极的罗斯海和威德尔海以及黑海与里海等。

目前世界这些海域内有88处直接或间接发现了天然气水合物，其中26处岩心见到天然气水会物，62处见到有天然气水合物地震标志的似海底反射（BSR），许多地方见有生物及碳酸盐结壳标志。据专家估算：在全世界的边缘海、深海槽区及大洋盆地中，目前已发现的水深3000米以内沉积物中天然气水合物中甲烷资源量为2.1×10^{16}米^3（2.1万万亿米^3）。水合物中甲烷的碳总量相当于全世界已知煤、石油和天然气总量的两倍，可满足人类1000年的需求，其储量之大，分布面积之广，是人类未来不可多得的能源。以上储量的估算尚不包括天然气水合物层之下的游离气体。

海盐

盐不仅是人类生活必需品，而且是化学工业的基本原料之一，在工业各部门及农牧渔业上都有广泛需求，制盐业在国民经济中具有重要地位。海盐是我国盐业生产的重点，我国在五千年以前（仰韶时期）就已从海水中生产食盐。

盐场的分布与水文、气象、地形以及交通和社会经济等条件有关。海盐以海水为原料，因此海水盐度高低对海盐生产关系极大。我国各海区沿岸、受外洋高盐海流和低盐沿岸流的制约，盐度的地理分布十分复杂，但除少数地区外，一般盐度都在30‰左右，能够满足海盐生产的要求。

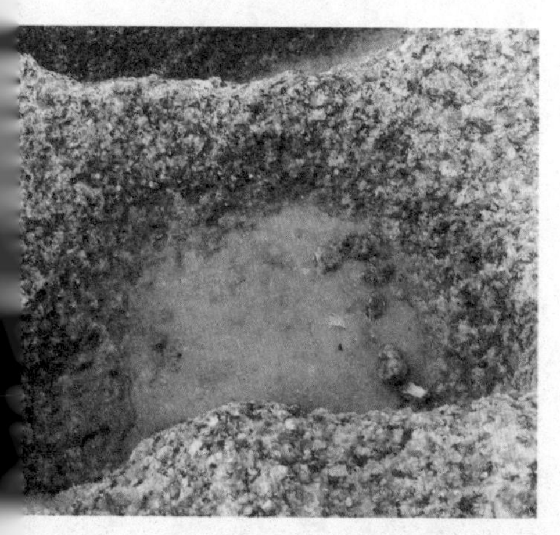

从辽东半岛到海南岛，我国沿海12个省、市、自治区都有盐场分布。

辽宁盐区，又称东北盐区。主要分布在辽东半岛老铁山至山海关一带，以

普兰店、复州湾、盖平、营口等地盐场最重要。本区气候较为干燥，每年雨季到来之前的4、5、6月和雨季过后的9、10、11月是蒸发旺盛、最适宜晒制海盐的季节。本区海盐品质好，含氯化钠95%以上。

长芦盐区，北起山海关，南到黄骅县，是渤海西岸天津、河北境内许多盐场的总称，也是我国最大的产盐区。该区濒临渤海弯，海岸线平直，盐场便于引纳海水。长芦盐区一年中晴天远多于雨天，蒸发力强，适宜制盐。其中塘沽、汉沽、大清河和黄骅县等几个盐场，质量、产量俱佳。

山东盐区，分布于莱州湾一带，地势平坦宽广，土质粘重，制盐过程中卤水不易漏失。晴天多，蒸发强，具有良好的晒盐条件，是一个历史悠久的产盐区。

淮北盐区，分布于江苏北部，连云港附近沿海地区。

以上为我国著名的四大盐区。长江以南的东南沿海地带，多为基岩海岸，雨日多，降水量多，盐田规模较小。海南岛西南沿海的莺歌海盐场，规模较大，是南方最大的盐场，台湾省最大的盐场为布袋盐场。目前我国沿海盐田面积约33.7万公顷。海盐因产量大、耗能少、成本低、靠近产品加工地、运输距离短等优势，已成为我国盐业生产的重点。海水除食盐以外，还有很多化学元素。制盐后废弃的母液（苦卤）中，含有硼、钾、溴、碘、镁、钡、锂、锶等多种元素，可利用来生产氯化钾、溴、碘、硼砂、无水芒硝等产品，既提高了资源的综合利用程度，又可收到环境保护的效果。此外还可利用盐田发展渔、牧、农业及其加工产品，提高海盐资源的综合利用程度。

多金属结核

1873年，英国“挑战者号”进行首次全球海洋调查，在大西洋采集到一种黑色的球状物。由于它的主要成分是锰和铁，故称之为“锰矿球”。后来发现矿球具有核心，有不断向外生长的纹层，因而改称“锰结核”。近来人们又从中分析出铜、钴、镍、铅、锌、铝和稀土元素等60多种金属成分，因而又称其为“多金属结核”。结核形态各异，大小不等，但以棕黑色、浑圆状居多，直径从不足1毫米到几十厘米，少数达1米以上，特大者重数百千克。

大洋底部的锰结核

多金属结核多分布在4～6千米水深的海底表层。据估计其储量约有3万亿吨，可采潜力约750亿吨。其中所含锰的总储量是陆地的779倍，铜36倍，钴5250倍，镍405倍，铁4.3倍，铝75倍，铅33倍。按20世纪80年代世界的消耗量计算，可供人类使用数千年至数十万年。由于结核形成于取之不尽的海水胶凝作用，故是一种还在不断增生的资源。其每年新增储量1千万吨，生长速度比人类的消费速度还快！因此，仅此一类矿产就足以使人类产生向大洋进军的强大动力。

世界海洋3500～6000米深的

洋底储藏的多金属结核约有3万亿吨。其中锰的产量可供世界用18000年，镍可用25000年。我国已在太平洋调查200多万平方千米的面积，其中有30多万平方千米为有开采价值的远景矿区，联合国已批准其中15万平方千米的区域分配给我国作为开辟区。

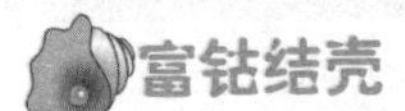

富钴结壳

富钴结壳产于水深1～3.5千米，顶面平坦、两翼陡峭的海山斜坡上。色黑似煤，质轻性脆，表面呈花蕾似的皮壳状，厚度一般为几毫米至十几厘米。富钴结壳金属钴含量可高达2%，是陆地含钴矿床的20倍，贵金属铂含量也相当于陆上含铂量的80倍。富钴结壳矿床的潜在资源量达10亿吨，总价值超过1千亿美元。因此富钴结壳从20世纪80年代以来一直是海洋矿产资源开发的热点，我国于90年代中期也拉开了富钴结壳正式调查的序幕。

（1）富钴结壳的形成和分布

太平洋约有50000座海山，其富钴结壳贮存量最丰，但经过详细勘测及取样的海山却寥寥无几，其中大西洋和印度洋的海山要少得多。结壳中的矿物很可能是借细菌活动之助，从周围冰冷的海水中析出沉淀到岩石表面。结壳形成厚度可达25厘米，面积宽达许多平方千米的铺砌层。据估计，大约635

万平方千米的海底（占海底面积1.7%）为富钴结壳所覆盖。据此推算，钴总量约为10亿吨。结壳无法在岩石表面为沉积物覆盖之处形成，最厚的结壳钴含量最为丰富，形成于800～2500米水深的海山外缘阶地及顶部的宽阔鞍状地带上。

富钴铁锰结壳氧化矿床遍布全球海洋，集中在海山、海脊和海台的斜坡和顶部。数百万年以来，海底洋流扫清了这些洋底的沉积物，这些海山有一些和陆地上的山脉一样大。结壳分布于约400～4000米水深的海底，多金属结核则分布在4000～5000米水深的海底。

结壳一般以每1至3个月一个分子层（即每100万年1至6毫米）的速率增长，是地球上最缓慢的自然过程之一。因此，形成一个厚厚的结壳层可需要多达6000万年时间。一些结壳有迹象显示，结壳在过去2000万年经历两个形成期，铁锰增生过程为一层生成于800至900万年前的中新世的磷钙土所中断。这一层在新、老物质之间的间隔可以为寻找更老、更丰富的矿床提供线索。最低含氧层的矿床较丰富的现象，使调查人员将钴的富集部分归因于海水中的低含氧量。根据品位、储量和海洋学等条件，最具开采潜力的结壳矿址位于赤道附近的中太平洋地区，尤其是约翰斯顿岛和美国夏威夷群岛、马绍尔群岛、密克罗尼西亚联邦周围的专属经济区，以及中太平洋国际海底区域。此外，水深较浅地区的结壳的矿物含量比例最高，是开采的一个重要因素。

（2）富钴结壳的特点和成分

除钴之外，结壳还是其他许多金属和稀土元素的重要潜在来源，

菱锰矿

如钛、铈、镍、铂、锰、磷、铊、碲、锆、钨、铋和钼。结壳由水羟锰矿（氧化锰）和水纤铁矿（氧化铁）组成，较厚结壳有一定数量的碳磷灰石，大部分结壳含少量石英和长石。结壳钴含量很高，可高达1.7%，在某些海山的大片面积上，结壳的钴平均含量可高达1%。这些钴的含量比陆基钴矿0.1%至0.2%的含量高得多。

在钴之后，结壳中最有价值的矿物依次为钛、铈、镍和锆。另外一个重要考虑因素是结壳与其附着生长的基岩在物理性质方面的反差。结壳在各类岩石之上生成，因此使用普通的遥感技术难以区分结壳及其基岩。然而，结壳与基岩的不同之处在于结壳发出高得多的伽马射线。因此在勘查上覆沉积物较薄的结壳以及测量海山上的结壳厚度时，以伽马射线进行遥感可能是有用的工具。

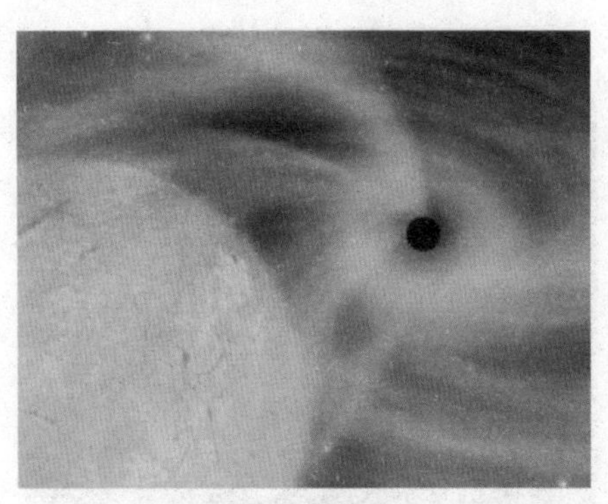
伽马射线

（3）富钴结壳的工业用途

富钴结壳所含金属（主要是钴、锰和镍）用于钢材可增加硬度、强度和抗蚀性等特殊性能。在工业化国家，约四分之一至二分之一的钴消耗量用于航天工业生产超合金。这些金属也在化工和高新技术产业中用于生产光电电池和太阳电池、超导体、高级激光系统、催化剂、燃料电池和强力磁以及切削工具等产品。

（4）富钴结壳的未来勘探和开采

为了确定可能比较高产的地区的位置，未来的采矿者首先需要绘制结壳矿床详图和小比例尺海山地貌综合图，包括地震剖面图。一旦确定了取样站，就可以部署拖网、岩芯取样机以及声呐摄像机和视频摄像机，以查明结壳、岩石和沉积物的类别和分布情况。为此需要装备齐全的大型研究船来操作海底声波信标和拖拽设备，并处理大量样品，在较后阶段需要载人潜器或遥控作业系统。

为进行环境评估，需部署测流计锚定设备和生物取样设备。开采结壳的技术难度大大高于开采多金属结核。采集结核比较容易，因为结核形成于松散沉积物基底之上，而结壳却或松或紧地附着在基岩上。要成功开采结壳，就必须在回收结壳时避免采集过多基岩，否则

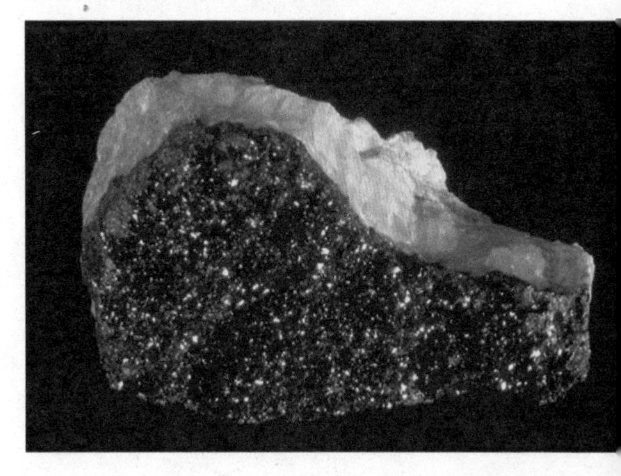

会大大降低矿石质量。一个可能的结壳回收办法是采用海底爬行采矿机，以水力提升管系统和连接电缆上接水面船只。采矿机上的铰接刀具将结壳碎裂，同时又尽量减少采集基岩数量。已经提出的一些创新系统包括：以水力喷射将结壳与基岩分离，对海山上的结壳进行原地化学沥滤，以声波分离结壳。除日本外，对结壳开采技术的研究和开发有限。尽管提出了各种想法，但这一技术的研究和开发尚在初期阶段。

海滨砂矿

海滨砂矿是指在海滨地带由河流、波浪、潮汐和海流作用，使重矿物碎屑聚集而形成的次生富集矿床。它既包括现处在海滨地带的砂矿，也包括在地质时期形成于海滨，后因海面上升或海岸下降而处在海面以下的砂矿。它主要有发射火箭用的固体燃料钛的金红石；有含有火箭、飞机外壳用的铌和反应堆及微电路用的钽的独居石；有核潜艇和核反应堆用的耐高温和耐腐蚀的锆铁矿、锆英石；此外还有钽铁矿、磁铁矿、磷钇矿、金矿、铁矿、金刚石、石英砂、煤等矿种。

（1）砂矿的开采

海滨砂矿广泛分布于沿海国家的滨海地带和大陆架。世界上已探明的海滨砂矿达数十种，主要包含金、铂、锡、钍、钛、锆、金刚石等金属和非金属。现在有30多个国家从事砂矿的勘探和开采，如美国开采海滨的钛铁矿、锆石矿、金砂矿等；斯里兰卡开采海滨锡砂矿，印度尼西亚和泰国锡砂矿开采水深已达40米以上；澳大利亚目前海滨砂矿的锆石和金红石产量分别占世界总产量的60%和90%；中国已探明的，具有工业开采价值的砂矿达13种，主要有钛铁矿、锆石、独居石、金红石等。

砷钴钙石

锆石矿

（2）主要的砂矿产区

①砂金矿

砂金矿主要产于美国的阿拉斯加、新西兰和苏联西伯利亚东部海滨等处。美国阿拉斯加的诺姆砂金矿开采半个多世纪以来，获砂金400吨左右，产值超过1亿美元。

金红石

②砂铂矿

砂铂矿产于美国的俄勒冈州和阿拉斯加、澳大利亚以及塞拉利昂。俄勒冈州西南部海滩上的铂和金矿，早在19世纪中叶就享有盛名。阿拉斯加古德纽斯湾的砂铂矿延伸入白令海中。

③金刚石砂矿

非洲南部大西洋沿岸纳米比亚、南非和安哥拉境内有世界上最大的金刚石砂矿。水上开采始于1961年，产量不多，但质量很高。

④砂锡矿

滨海砂锡矿在东南亚地区分布甚广，从缅甸经泰国和马来西亚到印度尼西亚被称为亚洲锡矿带。最有工业价值的是水下古河谷和平缓的分水岭砂矿。这些砂矿，广泛分布在勿里洞岛、邦加岛和新格岛附近，由陆向海延伸达15千米，水深可达35米。现在，印度尼西亚和泰国已对水下砂矿进行大量开采，开采水深已超过40米。

⑤砂铁矿

砂铁矿在日本、菲律宾、印度尼西亚、澳大利亚、新西兰等国均有开采，一般为磁铁矿。日本明湾大型砂铁矿的主要有用组分为钛磁

金刚石砂矿

铁矿，其中含铁56%，钛氧化物12%，钒0.2%，为日本铁矿的重要来源。

⑥复矿型砂矿

复矿型砂矿是指在很多砂矿中，不是含一种而是含多种有用的矿物，如钛铁矿、锆石、金红石和独居石等经常共生，构成复矿型砂矿床。这种矿床在世界许多国家中都有发现，以澳大利亚、印度、斯里兰卡、巴西和美国所产者经济意义最大。

澳大利亚东部、西部和北部一系列地区分布着富含锆石、金红石、钛铁矿和独居石的巨型海滨砂矿，其中提取的金红石砂矿占世界总产量的90%。在印度西海岸南部的特拉凡哥尔砂矿，从科摩林角到科钦延伸达250千米以上，为世界上最大黑砂矿床之一，以产铬铁矿和独居石为主。斯里兰卡海滨沉积物中富含钛铁矿、锆石、独居石和石榴石。到20世纪70年代初期，斯里兰卡已成为世界上最大的钛和锆

钛铁矿

锆 石

独居石

原料输出国之一。

⑦贝壳砂

贝壳砂由贝壳破碎、冲刷、磨蚀并富集而成，可作为水泥原料。美国在路易斯安那州岸外及墨西哥湾沿岸等地区进行开采，1969年路易斯安那州的产量已超过900万吨，冰岛在法克萨湾内采贝壳砂的水深达40米。

⑧砂砾矿

作为建筑材料，陆架区的砂砾矿也在加速开采，从1960至1970年，美国从陆架区开采的砂砾矿增加了一倍，每年开采量近4000万立方米。现在，英国有30余家公司开采海底砂砾矿。将来靠近海区的陆上砂砾矿采尽或被建筑物覆盖后，海底砂砾矿的价值还会增长。

深海热液

热液矿藏是一种含有大量金属的硫化物，由海底裂谷喷出的高温岩浆冷却沉积形成。现已发现30多处矿床，仅美国在加拉帕戈斯裂谷储量就达2500万吨，开采价值39亿美元。

“热液硫化物”主要出现在2000米水深的大洋中脊和断裂活动带上，是一种含有铜、锌、铅、金、银等多种元素的重要矿产资源。对于它的生成，海洋科学家们经过实地考察后认为：“热液硫化物”是海水侵入海底裂缝，受地壳深处热源加热，溶解地壳内的多种金属化合物，再从洋底喷出的烟雾状的喷发物冷凝而成的，被形象地称为“黑烟囱”。这些亿万年前生长在海底的“黑烟囱”不仅能喷“金”吐“银”，形成海底矿藏，具有良好的开发远景。而且很可能和生命起源有关，并具有巨大的生物医药价值。

“黑烟囱”是耸立在海底的硫化堆积物，呈上细下粗的圆筒状。它们的直径从数厘米到2米，高度从数厘米到50米不等。位于海底的“黑烟囱”堆积群及其堆积物有点像教堂或庙宇建筑的复杂尖顶，规模较大的堆积物可以达到体育馆体积大小的百万吨以上。专家们认为，海底“黑烟囱”的形成过程很复杂，它与矿液和海水成分、温度间存在的差异有关。由于新生大洋地壳或海底裂谷地壳的温度较高，海水沿裂隙向下渗透可达几千米，在地壳深部加热升温后，淋滤并溶解岩石中的多种金属元素，又沿着裂隙对流上升并喷发在海底。它们刚喷出时为澄清的溶液，与周围的海水混合后，很快变成“黑烟”并在海底及其浅部通道内堆积成硫化物。

目前，科学家已经在各大洋的150多处地方发现了“黑烟囱”区，它们主要集中于新生大洋的地壳上，如大洋中脊和弧后盆地扩张中心的位置。2003年“大洋一号”开展了中国首次专门的海底热液硫化物调查，拉开了进军大洋海底多金属硫化物领域的序幕。经过长期不懈的“追踪”，终于发现了完整的古海底“黑烟囱”，它们的地质

年龄初步判断为14.3亿岁。此前，这不仅进一步了解了大洋深处海底热液多金属硫化物的分布情况和资源状况，也为地球科学从理论上有一个新的质的飞跃做了铺垫。

目前科学家已经在大洋中脊处发现了许多热液喷发地点。与热液活动相关的热液矿床不仅可出现在洋中脊中央，而且在其两侧，甚至像冲绳海槽这样的边缘海也有发现。此外，在热液区，黑烟囱周围还生活着各类特异的热水生物种群。

可燃冰

可燃冰是一种被称为天然气水合物的新型矿物，在低温、高压条件下，由碳氢化合物与水分子组成的冰态固体物质。其能量密度高，杂质少，燃烧后几乎无污染，矿层厚，规模大，分布广，资源丰富。据估计，全球可燃冰的储量是现有石油天然气储量的两倍。在20世纪末，日本、前苏联、美国均已发现大面积的可燃冰分布区，我国也在南海和东海发现了可燃冰。据测算，仅我国南海的可燃冰资源量就达700亿吨油当量，约相当于我国目前陆上油气资源量总数的1/2。在世界油气资源逐渐枯竭的情况下，可燃冰的发现又为人类带来新的希望。

（1）可燃冰的形成与储藏

可燃冰由海洋板块活动而成，当海洋板块下沉时，较古老的海底

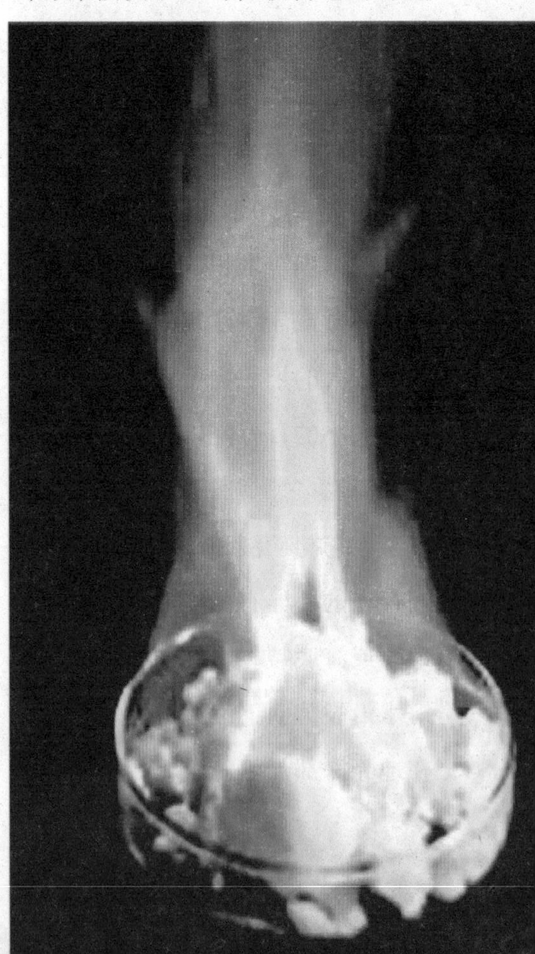

地壳会下沉到地球内部，海底石油和天然气便随板块的边缘涌上表面。当接触到冰冷的海水和在深海压力下，天然气与海水产生化学作用，就形成水合物。科学家估计，海底可燃冰分布的范围约占海洋总面积的10%，相当于4000万平方千米，是迄今为止海底最具价值的矿产资源，足够人类使用1000年。

“可燃冰”的形成有三个基本条件：首先温度不能太高，在零度以上可以生成，0～10℃为宜，最高限是20℃左右，再高就分解了。第二压力要够，但也不能太大，零度时，30个大气压以上它就可能生成。第三，地底要有气源。因为在陆地只有西伯利亚的永久冻土层才具备形成条件和使之保持稳定的固态，而海洋深层300～500米的沉积物中都可能具备这样的低温高压

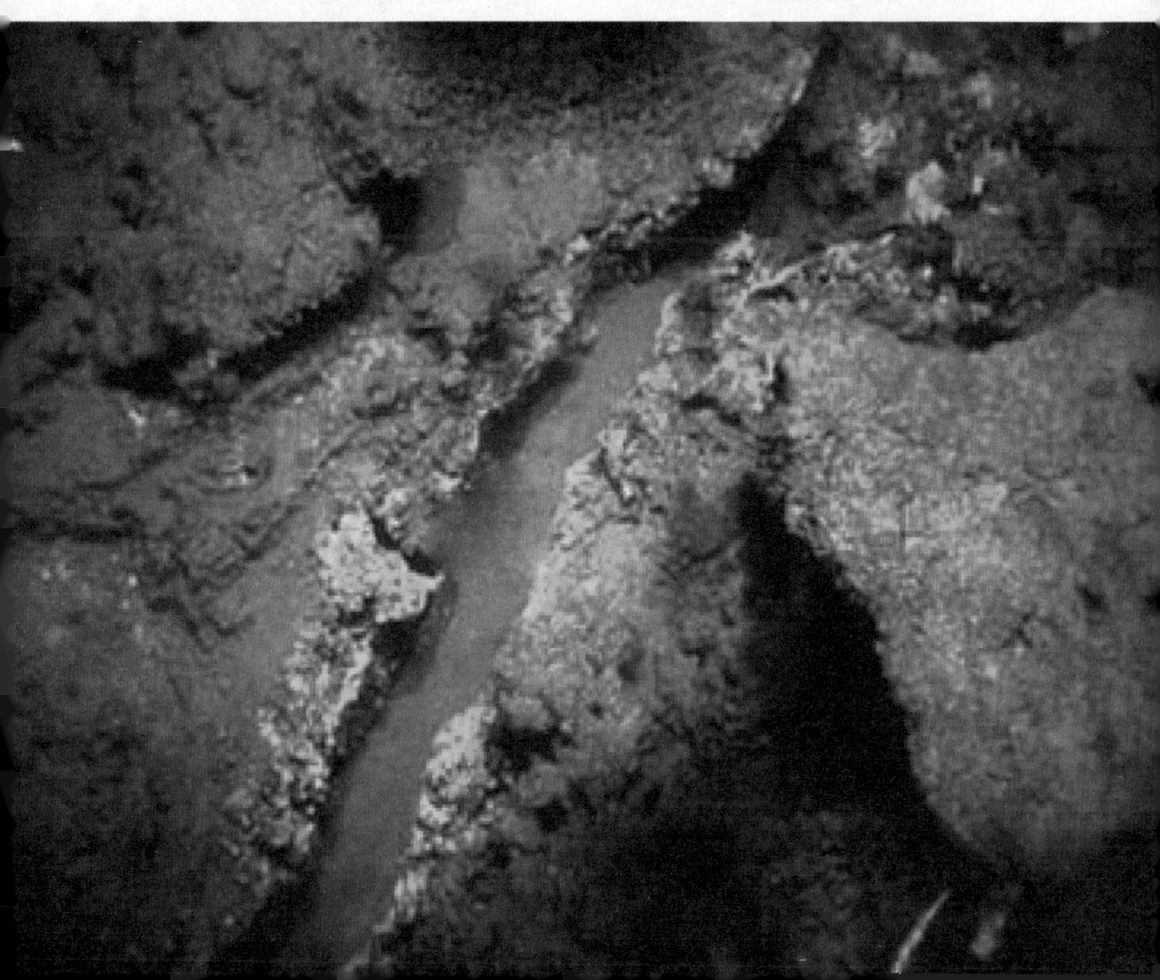

条件。因此，其分布的陆海比例为1∶100。

（2）可燃冰的分布

天然气水合物的地点主要分布在北半球，以太平洋边缘海域最多，其次是大西洋西岸。从构造环境来看主要分布大陆边缘，一类是分布在被动大陆边缘的大陆斜坡和坡脚，另一类是分布在活动边缘增生楔发育区。目前已通过钻探发现和根据BSR（海底模拟反射层）推测的天然气水合物地点有57处，其中太平洋25处，印度洋1处，北极海6极，南大洋6处，大西洋17处，湖沼区（黑海、贝加尔湖）2处。但是对占大洋大部分面积的深海洋盆中的天然气水合物分布情况目前还知之甚少。造成这种情况的原因在于目前所从事天然气水合物调查的区域还没有涉足洋盆。

（3）可燃冰的开采方案

可燃冰开采方案主要有三种：

①热解法

利用“可燃冰”在加温时分解的特性，使其由固态分解出甲烷蒸汽，但此方法难处在于不好收集。

海底的多孔介质不是集中为“一片”，也不是一大块岩石，而是较为均匀地遍布着。如何布设管道并高效收集是急于解决的问题。

②降压法

有科学家提出将核废料埋入地底，利用核辐射效应使其分解。但它们都面临着和热解法同样布设管道并高效收集的问题。

③置换法

研究证实，将二氧化碳液化（实现起来很容易），注入1500米以下的洋面（不一定非要到海底），就会生成二氧化碳水合物，它的比重比海水大，于是就会沉入海底。如果将二氧化碳注射入海底的甲烷水合物储层，因二氧化碳较之甲烷易于形成水合物，因而就可能将甲烷水合物中的甲烷分子“挤走”，从而将其置换出来。

但如果“可燃冰”在开采中发生泄露，大量甲烷气体分解出来，经由海水进入大气层。因此一旦这种泄露得不到控制，全球温室效应将迅速增大，大气升温后，海水温度也将随之升高、地层温度上升，

这会造成海底的“可燃冰”的自动分解，引起恶性循环。因此，开采必须要受控，使释放出的甲烷气体都能被有效地收集起来。

海底可燃冰的开采涉及复杂的技术问题，所以目前仍在发展阶段，估计需要10至30年的时间才能投入商业开采。其实，中国、美国、加拿大、印度、韩国、挪威和日本已开始各自的可燃冰研究计划。其中日本建成7口探井，期望在2010年投入商业开采，美国近年也奋起直追，希望在2015年在海床或永久冻土带进行商业开采。

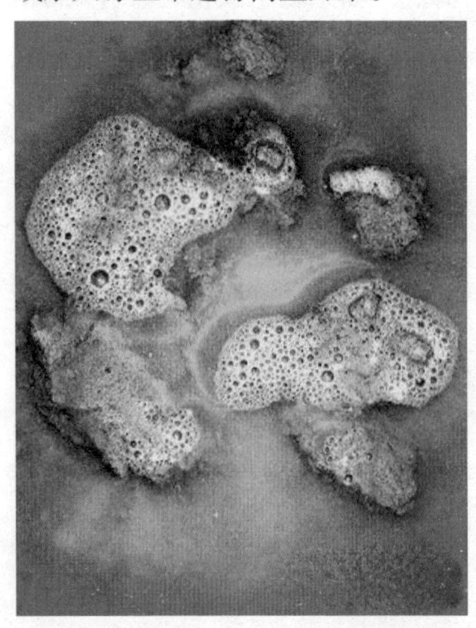

但由于资源并不易于发展，所以可燃冰的利用并不能在短期内实现。可见，“可燃冰”带给人类的不仅是新的希望，同样也有新的困难，只有合理的、科学的开发和利用，“可燃冰”才会真正的为人类造福。

（4）资源潜力与环境问题

可燃冰有望取代煤、石油和天然气，成为21世纪的新能源。但在繁复的可燃冰开采过程中，一旦出现任何差错，将引发严重的环境灾难，成为环保敌人。

首先，收集海水中的气体是十分困难的，海底可燃冰属大面积分布，其分解出来的甲烷很难聚集在某一地区内收集，而且一离开海床便迅速分解，容易发生喷井意外。

此外，海底开采还可能会破坏地壳稳定平衡，造成大陆架边缘动荡而引发海底塌方，甚至导致大规模海啸，带来灾难性后果。目前已有证据显示，过去这类气体的大规模自然释放，在某种程度上导致了

地球气候急剧变化。8000年前在北欧造成浩劫的大海啸，也极有可能是由于这种气体大量释放所致。

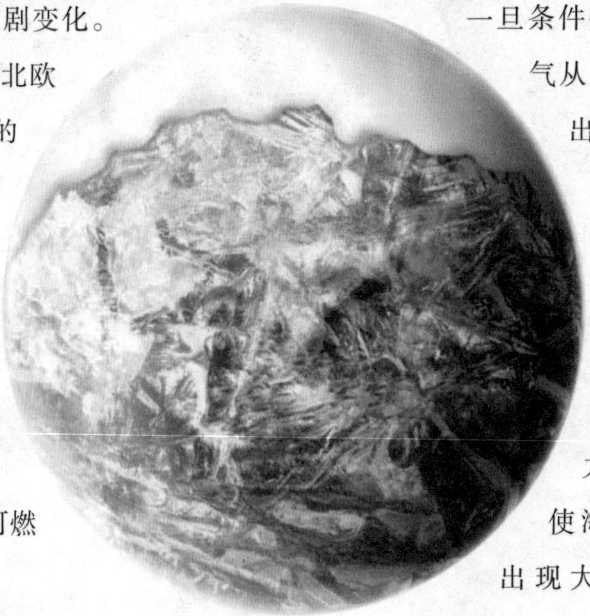

（5）可燃冰的危害

天然气水合物在给人类带来新的能源前景的同时，对人类生存环境也提出了严峻的挑战。天然气水合物中的甲烷，其温室效应为二氧化碳的20倍，温室效应造成的异常气候和海面上升正威胁着人类的生存。

全球海底天然气水合物中的甲烷总量约为地球大气中甲烷总量的3000倍。若有不慎，让海底天然气水合物中的甲烷气逃逸到大气中去，将产生无法想象的后果。而且固结在海底沉积物中的水合物，一旦条件变化使甲烷气从水合物中释出，还会改变沉积物的物理性质，极大地降低海底沉积物的工程力学特性，使海底软化，出现大规模的海底滑坡，毁坏海底工程设施，如海底输电或通讯电缆和海洋石油钻井平台等。

天然可燃冰呈固态，不会像石油开采那样自喷流出。如果把它从海底一块块搬出，在从海底到海面的运送过程中，甲烷就会挥发殆尽，同时还会给大气造成巨大危害。为了获取这种清洁能源，世界许多国家都在研究天然可燃冰的开采方法。科学家们认为，一旦开采技术获得突破性进展，那么可燃冰立刻会成为21世纪的主要能源。

第四章

奇特的海底世界之谜

在我们这个星球上，人类唯一没有征服的地方就是洋底世界。今天的人类，已多次登上地球上最高的地方——珠穆朗玛峰，多次到宇宙空间旅行，人造的探测器已达到太阳系的外层空间。然而，大洋的最深处是个什么样子，人们还是不清楚的。因为到大洋底去探险，花费巨大，许多问题难以解决。

地球有71％的表面积是海洋，辽阔的海洋与人类活动息息相关。海洋是水循环的起始点，又是归宿点，它对于调节气候有巨大的作用。海洋是人类的一个巨大的能源宝库，浩瀚的海洋世界不仅为人类的日常生活提供丰富的海产品，还为人类的工业生产提供富足的矿产资源。

浩瀚的海洋让人无限神往，而它幽暗的海底更是让人们对它充满了无限的幻想，许多扑朔迷离的奇观就发生在海底世界。随着科技的进步，人类对海洋的了解正日益深入，但神秘的海洋总以其博大幽深，吸引着人们对它的思索。本章就海底的有些奇妙现象进行叙述。

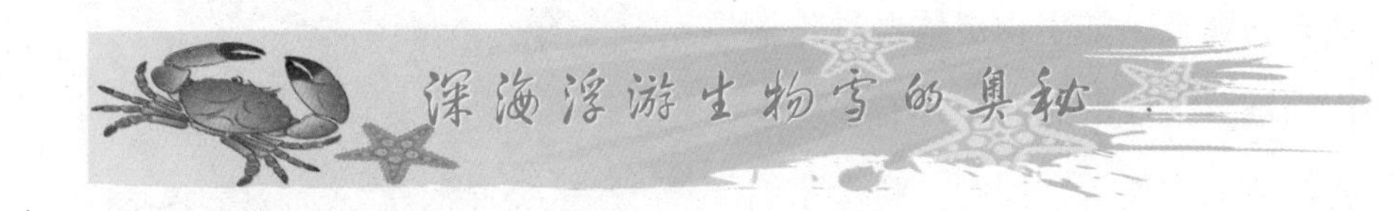

深海浮游生物雪的奥秘

浩渺无际的海洋，有许许多多迄今仍扑朔迷离的奇观。深潜器在海洋学家们的操纵下，缓缓地潜入洋底。当深潜器下潜到2500多米的深海时，科学家们透过观察窗，看到探照灯所照亮的水体中，有无数像陆地上雪花一样的东西，纷纷扬扬下个不停。不时还有成串成串的雪片，从观察窗前掠过。有位海洋科学家虽然多次下潜，考察过不少大洋，但从来没想到大洋深处会有如此壮观的“雪”景。当时，潜水器中的科学家们并不了解这些“雪”片是什么，也弄不清楚为什么深海有如此美丽的“雪景”。于是开动机械臂，把海水中的“雪”收进取样器中。考察结束之后，人们把收集到的标本送到实验室进行分析研究。原来这些絮状物，并不是什么“雪”，而是浮游生物。科学家们把这种絮状漂浮物命名为浮游生物雪。

大西洋深处的浮游生物雪，引起许多海洋科学家的关注。之后，又有人下潜到深海中，考察研究浮游生物雪。通过对大量深海浮游生物雪的

研究，发现形成“海雪”的物质，除浮游生物外，还有各种各样的悬浮着的颗粒，如生物尸体经过化学作用被分解成的碎屑，还有一些生物排泄的粪便等。同时，科学家们还发现，“海雪”奇景并不是到处都会发生的，它只发生在探照灯光照亮的区域内。也就是说，深海浮游生物如果没有灯光的作用，是无法产生深海“雪景”的美景的。

由于浮游生物雪多由浮游生物的絮状物、生物尸体碎屑及其粪便物组成，含有大量的养分，因此，它是深海鱼类及其他生物的理想食物。但是，要搞清深海浮游生物雪的形成机理，以及它在大洋深处的变化并不是一件容易的事情。因为海洋深处太黑暗了，海洋深处巨大的压力，阻碍了人们对它进一步的研究。可以这么说，人们对大洋深处的这一奇观，至今还只了解其现象，而它形成的奥秘，它在深海生态环境的奇特作用等，这些都还有待于进一步的探索和研究。

近几十年来，高级生物在地球各大水域出现的传闻层出不穷。一些科学家推测，海底可能有高度文明的生物存在，即在海洋深处的某些地方可能生活着一些智力高度发达的生命体——“海底人”。

据说，1938年在爱沙尼亚的朱明达海滩上，一群渔民发现了一个从来没有见过的怪异人类：他的嘴像鸭子嘴一样扁平，而胸部却像蛤蟆，后来人们叫他为“蛤蟆”。当“蛤蟆”看到一大群人在追赶他时，便飞快地奔跑着跳进波罗的

海。据当时在场的渔民说，他跑得很快，追在后面的人都无法看清他的双脚，后来发现他留在沙滩上的脚印，就像硕大无比的蛤掌。

在关于“海底人”的在众多传闻之中，最令人惊奇的是1959年初，在波兰丁尼亚港发现的海底人。当时他正筋疲力尽地走在沙滩上，人们把他送到附近的学校医院进行治疗时，发现这古怪的病人穿着没有开口的金属衣裳，此人的手指和脚趾与普通人不同，他的血液循环系统和器官并非人类所有。当人们打算对他进一步研究时，这个怪人突然之间杳如黄鹤，一去不复返。深不可测的神秘海底到底拥有多少不为人类所知的秘密？海底人自何方而来，又到何方而去？

1968年，美国迈阿密城水下摄影师穆尼说，他在海底看到过一个怪人：他脸部像猴子，看上去似有鳃囊，两眼像人但没有长睫毛，而且比人眼要大；两条前肢也像猴，但长满了光亮的鳞片，脚掌像鸭蹼。他说当时怪物死死地盯着他，吓得他心惊胆颤，但怪物最后并没有攻击他，而是突然转身打开脚部的推进器飞快地游走了。穆尼说：“我当时清楚地看到它足底有五个

爪子，但我来不及把它拍下来，真是个大遗憾！”

到了20世纪80年代末期，又有人传闻在美国南卡里来纳州比维市闻的沼泽地中有怪物出没。目击者说，这种半人半兽的“蜥蜴人”身高近二米，长着一双大眼睛，全身披满厚厚的绿色鳞甲，每只手仅有三个指头。它直立着行走，力大无比，能轻而易举地掀翻汽车。它能在水泽里行走如飞，因此人们无法抓住它。许多人据此猜测这怪物可能就是爬上岸的海底人。

科学家猜测所谓的“海底人”是史前人类的另一分支，他们不仅能在空气中生存，还能在海水的氛围下存活。人类起源于海洋，现代人类的许多习惯及器官明显地保留着这方面的痕迹，诸如“喜食盐、身无毛、会游泳、爱吃鱼腥”等。当人类进化时，很可能形成了水中、陆上两个分支。上岸的称为“人类”，下水的被称为“海怪”。然而，持不同观点的学者认为，这些智能动物的能力超乎人类，很可能是栖身于深水中的外星人。外来文明藏匿于人类可望但不可及的海洋深处，关注着人类的一举一动，或许那里还有他们的基地。如果在遥远的未来，人类的科技发展到能够清楚地解释地下的文明，那么这些“海底人”会不会友好地与人类建立友谊？抑或是否会发生一场地上文明和水下文明之争？

传说中出没的怪物是不是真的属于另一种人类，它们是不是来自海底，我们暂且不论。令人吃惊的是，据说海中也经常有一些不明潜水船，它神出鬼没，性能先进，令人难以置信。

出没海中的幽灵潜艇

最早发现不明潜水物是在1902年。报道说，英国货轮伏特·苏尔瑞贝利号在非洲西海岸的几内亚海湾航行时，船员发现了一个半沉半浮在水中的巨大怪物。在探照灯的照射下，船员清楚地看到那个怪物由稍带圆形的金属构成，中央部分宽约30米，长约200米，外形很像今天的航天飞机。它在灯光中不声不响地潜入水中而无影无踪。

20世纪50年代末期又传说阿根廷和美国沿海也出现了“幽灵潜艇”。据说在阿根廷奴埃保海峡，有人发现了一个巨大的雪茄形金属物体正在水下航行。两个星期后，阿根廷海军探测到这艘幽灵船的不明潜水物并用鱼雷进行攻击，但攻击结果未明。在海湾被封锁后，这艘不明潜水艇便销声匿迹了。

又有消息说，1963年美国海军在波多黎

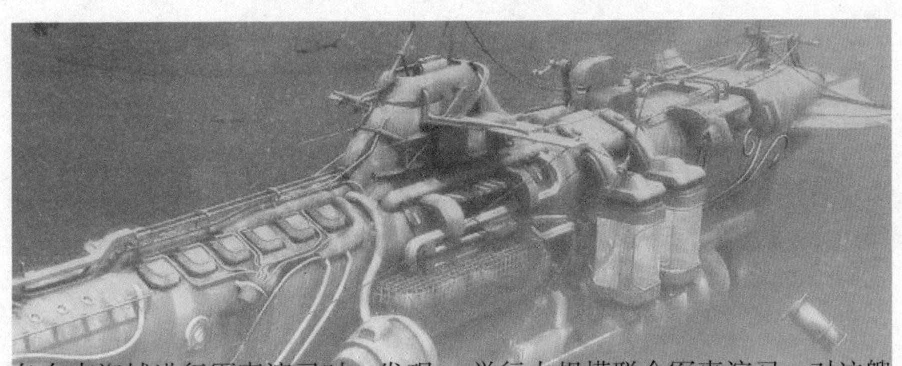

各东南海域进行军事演习时，发现了一艘不明潜水艇，它只有一只螺旋浆，却能以每小时280千米的高速在深达9千米的海底航行。美国军舰和潜艇尽力追赶它，却无法赶上。这艘幽灵潜艇的性能令人咋舌，因为即使目前人类最先进的潜水器也只能下潜到水下6千米左右，在水中的时速不会超过95千米。

到了20世纪70年代，传闻幽灵潜艇又在北欧的斯堪的纳维亚海域不断出现，它潜入挪威、瑞典等国家的一些军港。开始时，北约集团认为是前苏联的侦察潜艇，后经美国情报分析人员认真研究，否认了这种说法。报纸报道说，1973年幽灵潜艇在挪威的感恩克斯纳湾露面。当时北约和挪威等国海军在举行大规模联合军事演习，对这艘胆大妄为的潜艇，联合舰队极为恼火，决定发动攻击。数十艘舰艇同时向不明潜水艇开火，但它在枪林弹雨中出入，如入无人之境，就连海军发射的三枚极先进的“杀手鱼雷”也无一击中目标。当这艘幽灵潜艇突然浮出海面时，所有舰艇上的电子装置竟同时发生故障，通讯中断，雷达、声呐系统也全部失灵。等十分钟后不明潜水艇潜下水时，舰队的无线电通讯才恢复正常。

不明潜水物的踪迹遍布全球各地海域，引起了研究人员的关注，甚至有人认为，不明潜水物便是海底人的舰船。而更耸人听闻的是，许多人都说他们在海中发现了各式各样的神秘建筑物。

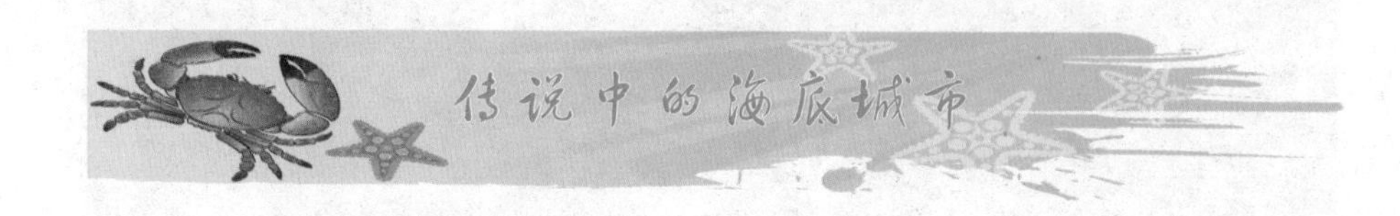

传说中的海底城市

在1969年，美国两位作家罗伯特·费罗和米歇尔·格兰门里为体验生活，来到巴哈巴群岛的比密里参国海底探险活动。他们在比密里岛北岸附近的海底发现了一片由石头像摆成的几何图形，这些石头呈矩形排列，全长约250米。同年7月，另一个考古探险家特罗纳和潜水员又在该岛以西的海中发现了一组大石柱，这些石柱有的横卧海底，有的直立在水中。后来据推测，这些城市遗址建筑在一万至一万二千年前，它说明这儿曾经存在一座先进的城市。

这次发现引起了世界轰动，也促使许多人开始了寻找传说中的海底城市的行动，其后又传出了几个发现海底建筑的传闻。

据报道，1985年，美国国家海洋学会的罗坦博士驾驶一个小型深潜器，携带一部水下摄影机对大西洋底进行考察。当他潜到约4000米深处时，眼前出现了一幅令人惊异的奇妙景象：面前是一个海底庄

园，那是一座金碧辉煌的西班牙式水晶城堡，连道路也全部采用类似大理石的水晶块铺设而成。在圆形建筑物顶上，安装着类似雷达的天线，但城市中看不到一个人影，罗坦博士连忙用水下摄影机抢拍镜头，但突然涌来一股不明海底湍流，把他和深潜器推离了这个美丽的海底城市。此后，罗坦博士再也找不到这座海底“水晶宫”了，更遗憾的是，他抢拍下来的镜头也模糊不清，只能隐隐约约看到水下城堡的影子。

1992年夏天，据说一群西班牙采海带的工人，在只有几十米深的海中看到一个庞大的透明圆顶建筑物。1993年7月，英美一些学者又声称在大西洋百慕大约1000米的海底发现了两座巨型“金字塔”。据他们说，发现的金字塔是用水晶玻璃建造的，宽约100米，高约200米。然而，当人们闻讯而再次返回这些地点时，这些传说的海底建筑都已经消失得无影无踪。

关于神秘海底的争论

海底是否真的有人生活，一直是科学家争论不休的问题。

有些学者认为，有关发现海底人、幽灵潜艇和海底城堡的传闻，大都是一些无聊的人无中生有、信口胡编的骗局，有些人是为了出名而编造了这些稀奇古怪的经历和传闻，而有些纯粹是出于好玩或寻开心。这些学者认为，所谓发现的海底人，可能是海中的一些动物，而幽灵潜艇可能是一些试验性的先进潜艇，而发现的水中城堡、金字塔纯属子虚乌有，根本没有令人信服的证据足以证明这类海底建筑的存在。

然而，有许多人却持相反看法。他们认为，《大西洋底来的人》并非杜撰出来的科幻小说，种种迹象表明，在广袤无边的大海深

处，应该存在着另一类神秘的智能人类——海底人。他们的根据是：陆上的人类是从海洋动物进化而来的。海底人是地球人类进化中的一个分支，和陆地人类一样，他们在海洋中不断进化，但最终没有脱离大海，而是成为大洋中的主人。持有这种观点的学者认为，著名的“比密里水下建筑”就是海底人的建筑遗迹，后来由于海底上升，只适于深海生活的海底人只好放弃他们的城堡。他们甚至指出，西班牙海底发现的大型圆顶透明建筑和大西洋底发现的金字塔可能是海底人类的高科技建筑及设备。金字塔可能是用来发电或净化、淡化海水的设备，而那些建筑上的雷达状天线可能是他们进行海底无线联系的网络天线。

此外，俄罗斯一些研究不明物体的专家则认为，在海中出没的海底人应该是来自外星球的智慧生物。因为如果“海底人”是地球史前人类进化的一分支，那么他们的文明发展程度与地球人类相差不远，而实际上从海中出现的不明潜水艇的技术和功能看来，地球人目前根本无法制造出这样先进的舰艇。因此，这些“幽灵潜艇”的主人的科技水平已远远超过地球人类的水平，他们只能是来自外星的高智慧人类。他们可能在大洋深处建立了基地，并常常出没于海洋中。

海底人到底是否存在，它们来自何方，今天我们尚无法得出结论，但可以肯定，未来的某天，这一谜底最终将被揭开。

太平洋洋脊偏侧之谜

从全球海底地貌图中可以看到，海底地貌最显著的特点是连绵不断的洋脊纵横贯通四大洋。根据海底扩张假说，洋脊两侧的扩张应是平衡的，大洋洋脊应位于大洋中央，但太平洋洋脊亦不在太平洋中央，而偏侧于太平洋的东南部，并在加利福尼亚半岛伸入了北美大陆西侧。显然，从加利福尼亚半岛至阿拉斯加这一段的火山、地震、山系等，难以用海底扩张假说解释其成因。那么，太平洋洋脊为什么偏侧一方？北美西部沿岸的山系、火山、地震等又是怎样形成的？这是有待进一步探索的问题。

由于太平洋洋脊偏侧于东南方，在太平洋东部形成了扩张性的海底地壳：东太平洋海隆。但在太平洋中西部广阔的洋底，地貌复杂，存在着一系列的岛弧、海沟、洋底火山山脉和被洋底山脉、岛弧分隔成的较小的洋盆等，看来并不完全像是由海底扩张所产生的洋底地貌，而更像是古泛大洋洋底的一部分。因为海底扩张所形成的地貌，除了海沟、岛弧、沿岸山脉外，大部分应是较为平坦的、从洋脊到海沟一定倾斜的海隆地貌。虽然有人试图对此作出解释，但未有较公认、一致的看法。